建筑信息模型（BIM）技术应用丛书

Autodesk Navisworks BIM 模型应用技术

宋　强　肖　含　刘天宇 ▣ 主　编
黄巍林　孙庆霞　包海玲　杨小玉　王立峰 ▣ 副主编

清华大学出版社
北京

内 容 简 介

本书共含 36 个典型工作、200 多个素材文件、47 个讲解视频，内容匹配《建筑信息模型技术员国家职业技能标准》以及全国技能大赛世赛选拔项目"数字建造"赛项，由校企合作共同完成，以真实生产场景中的典型工作任务为载体，体现基于实际生产工作过程的教材内容体系。

本书讲解 BIM 数字建造解决方案软件 Autodesk Navisworks 的技术应用，以工作手册式的编写方式将 Navisworks 的应用技术融入 13 个工作任务中，分别为生成 Navisworks 文件并与 Revit 联用；设置、浏览与修改 Navisworks 模型；创建、编辑与剖分视点；进行漫游展示与图元查看；创建与管理"集合"；进行精细化渲染；碰撞检查与审阅；制作场景动画；制作人机交互动画；制作虚拟施工视频；进行工程量计算；整合管理外部数据；数据发布。

本书可以作为高等职业技术院校建筑设计类、土建施工类和工程管理类专业的教学用书和"1+X"BIM 考试培训用书，也可供建筑行业的 BIM 设计和施工人员使用与参考。

本书封面贴有清华大学出版社防伪标签，无标签者不得销售。
版权所有，侵权必究。举报：010-62782989，beiqinquan@tup.tsinghua.edu.cn。

图书在版编目（CIP）数据

Autodesk Navisworks BIM模型应用技术 / 宋强, 肖含, 刘天宇主编 . -- 北京：清华大学出版社，2025.1.
（建筑信息模型（BIM）技术应用系列新形态教材）.
ISBN 978-7-302-68169-4

Ⅰ. TU201.4

中国国家版本馆 CIP 数据核字第 20257YR224 号

责任编辑：	郭丽娜　孙汉林
封面设计：	曹　来
责任校对：	刘　静
责任印制：	宋　林

出版发行：清华大学出版社
网　　址：https://www.tup.com.cn，https://www.wqxuetang.com
地　　址：北京清华大学学研大厦A座　　邮　编：100084
社 总 机：010-83470000　　邮　购：010-62786544
投稿与读者服务：010-62776969，c-service@tup.tsinghua.edu.cn
质量反馈：010-62772015，zhiliang@tup.tsinghua.edu.cn
课件下载：https://www.tup.com.cn，010-83470410

印 装 者：三河市少明印务有限公司
经　　销：全国新华书店
开　　本：185mm×260mm　　印　张：14.25　　字　数：341千字
版　　次：2025年2月第1版　　印　次：2025年2月第1次印刷
定　　价：49.00元

产品编号：101063-01

序

建筑业作为我国国民经济的重要支柱产业，在过去几十年取得了长足的发展。随着科技的进步，目前建筑业正处于转型升级的关键时期。工业化、数字化、智能化、绿色化成为建筑行业发展的重要方向。例如，BIM（Building Information Modeling）技术的应用为各方建设主体提供协同工作的基础，在提高生产效率、节约成本和缩短工期方面发挥重要作用，在设计、施工、运维方面很大程度上改变了传统模式和方法；智能建筑系统的普及提升了居住和办公环境的舒适度和安全性；人工智能技术在建筑行业中的应用逐渐增多，如无人机、建筑机器人的应用，提高了工作效率、降低了劳动强度，并为建筑行业带来更多创新；装配式建筑改变了建造方式，其建造速度快、受气候条件影响小，既可节约劳动力，又可提高建筑质量，并且节能环保；绿色低碳理念推动了建筑业可持续发展。2020年7月，住房和城乡建设部等13个部门联合印发《关于推动智能建造与建筑工业化协同发展的指导意见》（建市〔2020〕60号），旨在推进建筑工业化、数字化、智能化升级，加快建造方式转变，推动建筑业高质量发展，并提出到2035年，"'中国建造'核心竞争力世界领先，建筑工业化全面实现，迈入智能建造世界强国行列"的奋斗目标。

然而，人才缺乏已经成为制约行业转型升级的瓶颈，培养大批掌握建筑工业化、数字化、智能化、绿色化技术的高素质技术技能人才成为土木建筑大类专业的使命和机遇，同时也对土木建筑大类专业教学改革，特别是教学内容改革提出了迫切要求。

教材建设是专业建设的重要内容，是职业教育类型特征的重要体现，也是教学内容和教学方法改革的重要载体，在人才培养中起着重要的基础性作用。优秀的教材更是提高教学质量、培养优秀人才的重要保证。为了满足土木建筑大类各专业教学改革和人才培养的需求，清华大学出版社借助清华大学一流的学科优势，聚集优秀师资，以及行业骨干企业的优秀工程技术和管理人员，启动BIM技术应用、装配式建筑、智能建造三个方向的土木建筑大类新形态系列教材建设工作。该系列教材由四川建筑职业技术学院胡兴福教授担任丛书主编，统筹作者团队，确定教材编写原则，并负责审稿等工作。该系列教材具有以下特点。

（1）思想性。该系列教材全面贯彻党的二十大精神，落实立德树人根本任务，引导学生践行社会主义核心价值观，不断强化职业理想和职业道德培养。

（2）规范性。该系列教材以《职业教育专业目录（2021年）》和国家专业教学标准为依据，同时吸取各相关院校的教学实践成果。

（3）科学性。教材建设遵循职业教育的教学规律，注重理实一体化，内容选取、结构安排体现职业性和实践性的特色。

（4）灵活性。鉴于我国地域辽阔，自然条件和经济发展水平差异很大，部分教材采用不同课程体系，一纲多本，以满足各院校的个性化需求。

（5）先进性。一方面，教材建设体现新规范、新技术、新方法，以及现行法律、法规和行业相关规定，不仅突出 BIM、装配式建筑、智能建造等新技术的应用，而且反映了营改增等行业管理模式变革内容。另一方面，教材采用活页式、工作手册式、融媒体等新形态，并配套开发数字资源（包括但不限于课件、视频、图片、习题库等），大部分图书配套有富媒体素材，通过二维码的形式链接到出版社平台，供学生扫码学习。

教材建设是一项浩大而复杂的千秋工程，为培养建筑行业转型升级所需的合格人才贡献力量是我们的夙愿。BIM、装配式建筑、智能建造在我国的应用尚处于起步阶段，在教材建设中有许多课题需要探索，本系列教材难免存在不足之处，恳请专家和广大读者批评、指正，希望更多的同仁与我们共同努力！

胡兴福

2023 年 7 月

前 言

BIM 被誉为建筑行业继 CAD 后的第二次技术革命，随着全球 BIM 技术的普及和应用，BIM 技术在建筑行业的未来发展具有巨大的潜力。BIM 技术的价值需要依靠各种软件实现，最常使用的是 Autodesk 的解决方案，即使用 Revit 作为建模软件，使用 Navisworks 软件将多种 BIM 软件产生的二维、三维模型整合成一个完整的模型，并进行后续的虚拟漫游、碰撞检测、冲突检测、4D/5D 施工模拟、渲染、动画制作和数据发布等。

本书将 Navisworks 的应用技术融入 13 个工作任务中，分别是生成 Navisworks 文件并与 Revit 联用查看；设置、浏览与修改 Navisworks 模型；创建、编辑与剖分视点；进行漫游展示与图元查看；创建与管理"集合"；进行精细化渲染；碰撞检查与审阅；制作场景动画；制作人机交互动画；制作虚拟施工视频；进行工程量计算；整合管理外部数据；数据发布。

本书具有以下特点。

1. 在教材形态方面

本书按照工作手册式进行编写，每个工作任务按照"工作任务书""学习目标""典型工作""思想提升""工作总结""工作评价"进行展开讲解，其中的每个"典型工作"又按照"工作场景描述""任务解决"进行讲授。

2. 在编写体例方面

注重理论与实践、案例等相结合，专业知识融合行业企业场景实例，每个"典型工作"均以真实生产场景为载体，体现任务式、基于实际生产工作过程的教材内容体系。

3. 在教材内容方面

紧扣土木建筑大类专业的"数字建造"人才培养能力目标，匹配《建筑信息模型技术员国家职业技能标准》以及全国技能大赛世赛选拔项目"数字建造"赛项，并深度对接行业、企业标准，将实际解决方案、岗位能力要求、标准等内容有机融入教材内容，反映新技术、新工艺、新规范和未来技术发展趋势。

4. 在立德树人方面

落实立德树人根本任务，在每个工作任务的"思想提升"部分，将立德树人、规范意识、大国工匠精神等融入其中，为党育人、为国育才。

5. 在产教融合方面

本书由行业企业、学校共同开发，工作任务均由行业企业提供，企业人员深度参与本书编写，体现"做中学，做中教"的职业教育理念和产教融合类型特征。

6. 在配套资源方面

本书共含 13 个工作任务、36 个典型工作，并有 200 多个随书文件、47 个讲解视频。

同时，本书也是山东省精品资源共享课程"建筑虚拟仿真技术应用"的配套教材，含课程视频、拓展视频、教学课件、教学案例、动画资源、课程活动、测试题等多种资源。

编者在本书编写过程中力求使内容丰满充实、编排层次清晰、表述符合教学的要求，但受限于时间、经验和能力，书中难免有不足之处，恳请广大读者批评指正。

编　者

2025年1月

目 录

前导知识　Navisworks 软件概述 …………………………………………………… 1

工作任务 1　生成 Navisworks 文件并与 Revit 联用 …………………………… 10
　典型工作 1.1　生成 Navisworks 文件并与 Revit 联用查看 ……………………… 11
　典型工作 1.2　Navisworks 与 Revit 联用查看图元 ……………………………… 15

工作任务 2　设置、浏览与修改 Navisworks 模型 …………………………… 19
　典型工作 2.1　设置与浏览 Navisworks 模型 ……………………………………… 20
　典型工作 2.2　将多个模型整合成一个模型 ………………………………………… 30
　典型工作 2.3　修改模型的外观和位置 ……………………………………………… 31
　典型工作 2.4　控制图元的可见性并进行图元持定 ………………………………… 36

工作任务 3　创建、编辑与剖分视点 ………………………………………… 43
　典型工作 3.1　创建与编辑视点 ……………………………………………………… 44
　典型工作 3.2　剖分视点 ……………………………………………………………… 47

工作任务 4　进行漫游展示与图元查看 ……………………………………… 53
　典型工作 4.1　漫游 …………………………………………………………………… 54
　典型工作 4.2　编辑视点 ……………………………………………………………… 58
　典型工作 4.3　审阅批注 ……………………………………………………………… 62
　典型工作 4.4　显示图元属性 ………………………………………………………… 66

工作任务 5　创建与管理"集合" …………………………………………… 72
　典型工作 5.1　创建"集合" ………………………………………………………… 73
　典型工作 5.2　管理"集合" ………………………………………………………… 81
　典型工作 5.3　创建常用集合 ………………………………………………………… 85

工作任务 6　进行精细化渲染 ………………………………………………… 95
　典型工作 6.1　设置渲染材质 ………………………………………………………… 96
　典型工作 6.2　设置渲染光源 ……………………………………………………… 104
　典型工作 6.3　渲染 ………………………………………………………………… 109

工作任务 7 碰撞检查与审阅 ··· 113
典型工作 7.1 完成一套碰撞检测流程 ·· 114
典型工作 7.2 完成地下车库工程的碰撞检测与测量审阅 ···················· 128

工作任务 8 制作场景动画 ·· 145
典型工作 8.1 录制动画 ·· 146
典型工作 8.2 制作图元动画 ··· 148
典型工作 8.3 制作剖面动画 ··· 156
典型工作 8.4 制作相机动画 ··· 157

工作任务 9 制作人机交互动画 ··· 160
典型工作 9.1 制作"按键触发"脚本动画 ··································· 161
典型工作 9.2 制作"热点触发"脚本动画 ··································· 164

工作任务 10 制作虚拟施工视频 ·· 169
典型工作 10.1 掌握 Navisworks 虚拟施工原理 ····························· 170
典型工作 10.2 使用 TimeLiner 进行虚拟施工 ······························ 172
典型工作 10.3 自动匹配进行虚拟施工 ······································· 183
典型工作 10.4 使用 Revit 零件功能模拟地砖铺贴顺序 ···················· 186

工作任务 11 进行工程量计算 ··· 189
典型工作 11.1 使用 Quantification 算量 ····································· 190
典型工作 11.2 应用算量模板算量 ·· 198

工作任务 12 整合管理外部数据 ·· 201
典型工作 12.1 将外部数据链接到虚拟施工模型 ···························· 202
典型工作 12.2 将图纸信息整合到虚拟施工模型 ···························· 205

工作任务 13 数据发布 ··· 209
典型工作 13.1 将虚拟施工模型导出为不同的数据格式 ···················· 210
典型工作 13.2 使用"批处理"进行命令批量操作 ························· 212

参考文献 ·· 217

前导知识　Navisworks 软件概述

1. Navisworks 软件在数字建造行业中的地位

Navisworks 是由 Autodesk 开发的数字建造解决方案产品，全名为 Autodesk Navisworks，在建筑工程的施工过程中，用于整合、浏览、审阅和管理多种建筑信息模型（BIM）和信息，提供功能强大且易学、易用的 BIM 数据管理平台，完成建筑工程项目中各环节的协调和管理工作。

Navisworks 之所以能够对工程项目进行整合、浏览和审阅，是因为它可以有效兼容其他三维软件所生成的数据。在 Navisworks 中，不论是 AutoCAD 生成的 DWG 格式文件，还是 3ds Max 生成的 3DS、FBX 格式文件，甚至非 Autodesk 公司的产品，如 Bentley Microstation、Dassault Catia、Trimble SketchUp 产生的数据格式文件，均可以被 Navisworks 读取并整合为单一的 BIM 数据。

Navisworks 提供了一系列查看和浏览工具，如漫游和渲染，允许用户对完整的 BIM 模型文件进行协调和审阅。Navisworks 通过优化图形显示与算法，大大降低了三维运算的系统硬件开销，即便使用硬件性能一般的计算机，也能够流畅地查看所有数据模型文件。在 Navisworks 中，利用系统提供的"碰撞检查"工具可以快速发现模型中潜在的冲突风险。在审阅过程中，可以利用 Navisworks 提供的"审阅和测量"工具对模型中发现的问题进行标记和讨论，方便团队内部进行项目的沟通。

Navisworks 可以整合许多外部数据（如 Microsoft Project、Microsoft Excel 等多种软件的信息源数据和 PDF 文件数据），从而得到信息丰富的 BIM 数据。例如，Navisworks 可以整合 Microsoft Project 生成的施工节点信息，将 Microsoft Project 的施工进度数据与 BIM 模型自动对应，使得每个模型图元具备施工进度计划的时间信息，实现 3D 模型数据与时间信息的统一，实现 4D 应用。图 0.1（a）是本书中"工作任务 10"的施工进度计划，图 0.1（b）~（g）是在该进度计划下做的施工模拟。

2. Navisworks 的七大核心功能

1）轻量化模型整合

Navisworks 是一款早期出现并大规模运用的 BIM 模型管理软件。它不仅可以将 AutoCAD、Revit、Civil 3D、MicroStation、Catia、SketchUp、Rhino 等工程建设行业主流 BIM 软件的建筑信息整合到 Navisworks 软件中，以最大限度地发挥模型的作用，还可以将不同专业、不同平台搭建的模型进行整合，可以查看模型的整体效果和不同专业模型间的信息状态。在整合模型的过程中，Navisworks 软件凭借自身的轻量化功能，从体量大、结构复杂的模型中筛选出项目各参建方需要看到的特定信息，从而达到数据减负的目的。

已激活	名称	计划开始	计划结束	任务类型	附着的
☑	F1柱	2017/3/1	2017/3/7	构造	集合->F1柱
☑	F2楼板	2017/3/8	2017/3/14	构造	集合->F2楼板
☑	F2柱	2017/3/15	2017/3/21	构造	集合->F2柱
☑	F3楼板	2017/3/22	2017/3/28	构造	集合->F3楼板
☑	F3柱	2017/3/29	2017/4/4	构造	集合->F3柱
☑	F4楼板	2017/4/5	2017/4/11	构造	集合->F4楼板
☑	F4柱	2017/4/12	2017/4/18	构造	集合->F4柱
☑	F5楼板	2017/4/19	2017/4/25	构造	集合->F5楼板
☑	F5柱	2017/4/26	2017/5/2	构造	集合->F5柱
☑	F6楼板	2017/5/3	2017/5/9	构造	集合->F6楼板
☑	F1墙	2017/5/10	2017/5/16	构造	集合->F1墙
☑	F2墙	2017/5/17	2017/5/23	构造	集合->F2墙
☑	F3墙	2017/5/24	2017/5/30	构造	集合->F3墙
☑	F4墙	2017/5/31	2017/6/6	构造	集合->F4墙
☑	F5墙	2017/6/7	2017/6/13	构造	集合->F5墙
☑	门窗幕墙	2017/6/14	2017/6/20	构造	集合->门窗幕墙
☑	其他	2017/6/21	2017/6/27	构造	集合->其他

(a)

(b) 　　　　　　　　　　　(c)

(d) 　　　　　　　　　　　(e)

(f) 　　　　　　　　　　　(g)

图 0.1　施工进度模拟

2）漫游和飞行

Navisworks 软件具备漫游和飞行功能，方便使用者在模型中沉浸式地进行观察。漫游功能比较适合在较小的场景中使用，对模型进行查看；飞行功能比较适合在较大的场景中使用，对机场、车站、桥梁、隧道以及规模较大的地形地貌等进行观察。图 0.2 所示为调用第三人辅助在某一层中进行查看、浏览模型。在 Navisworks 软件中制作漫游或飞行的特点是快速、便捷，在进行漫游或飞行的过程中，还可以对漫游或飞行的路径进行记录，即形成视频文件。

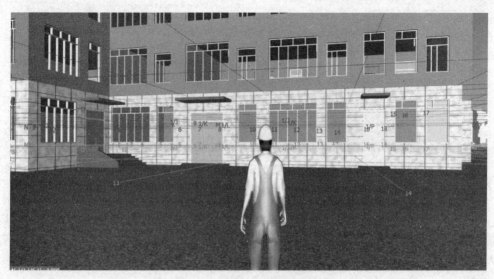

图 0.2 调用第三人辅助漫游

3）审阅批注

Navisworks 可以在特定的视点下进行"审阅批注"操作，如图 0.3 所示。该操作类似于先用相机拍照，然后在上面进行一些信息批注。审阅批注所创建的红线批注和文字注释信息可以单独保存为外部文件，方便下一位工程师根据审阅批注对模型进行调整。

4）碰撞检测

在将多个专业领域的 BIM 模型整合到一起之后，Navisworks 软件可以识别到模型构件的几何空间信息，对模型进行碰撞检测，检测出各个模型构件之间的碰撞问题，如图 0.4 所示，将这些问题图文并茂地记录下来并形成表格，方便设计师对模型进行二次修改和调整。

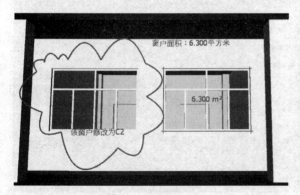

图 0.3 审阅批注

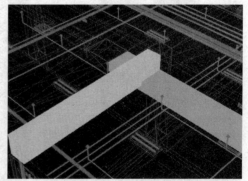

图 0.4 碰撞检测

5）渲染

Navisworks 软件的主要功能是整合、查看、浏览模型，在查看、浏览模型的过程中演化出许多与查看、浏览相关的命令，渲染命令也是其中之一。当进入特定视点后，可以为该视角下模型添加灯光和材质，并对其进行渲染。Navisworks 的渲染特点是速度快，能达到一个照片级快速渲染效果，如图 0.5 所示。

图 0.5　渲染

6）人机动画

Navisworks 软件支持人与计算机中的模型构件发生关联，即产生互动。例如，可以在场景中模拟人走到门前，让门自动打开，创造一种感应门的效果，如图 0.6 所示；或者模拟人走到门前，碰一下门，模拟敲门的动作，然后让门打开。这些都是我们与模型的一种互动过程。

7）施工模拟

施工模拟是通过利用模型信息，对现场预设的方案参数进行三维可视化演示和模拟分析的过程。如图 0.7 所示，将 BIM 模型与施工建造进度、人工费、机械费、分包费、总费用等关联以进行施工模拟，使虚拟与现实间的数据结合得更紧密、更具指导意义，提前规避工程风险，从而让决策者实现管理前置。施工模拟经常用在机房的管线排布、地铁站的管线综合设计、幕墙的节点安装等复杂位置，能够将管线、构件等的安装顺序十分清晰地表达出来，让工人在施工过程中一目了然、更有条理。Navisworks 软件中的模型与时间、成本发生关联，即形成了 4D 与 5D 模拟。

图 0.6　接近门时门自动打开

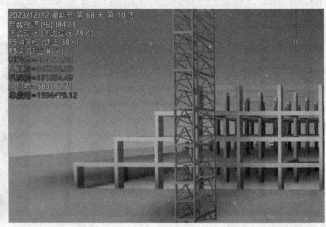

图 0.7　施工模拟

3. Navisworks 软件的三种产品

Autodesk 根据 Navisworks 中不同功能模块的组合，将 Navisworks 划分为 Navisworks Manage、Navisworks Simulate 和 Navisworks Freedom 三种产品。

1）Autodesk Navisworks Manage

该产品可以全面审阅解决方案，用于保证项目顺利进行。Navisworks Manage 将精确的错误查找、冲突管理功能与动态的四维项目进度仿真、相机、可视化功能完美结合，方便设计和施工管理专业人员使用。

2）Autodesk Navisworks Simulate

该产品主要用于施工模拟，实现施工进度的可视化。

3）Autodesk Navisworks Freedom

该产品是免费的 Autodesk Navisworks NWD 文件与三维 DWF 格式文件的浏览器。

Navisworks 三种产品的功能模块区别见表 0.1。

表 0.1　Navisworks 三种产品的功能模块区别

功能模块	Navisworks Manage	Navisworks Simulate	Navisworks Freedom
1. 查看项目			
1.1　实时导航	●	●	●
1.2　全团队项目审阅	●	●	○
2. 模型审阅			
2.1　模型文件和数据链接	●	●	○
2.2　审阅工具	●	●	○
2.3　nwd 与 nwf 发布	●	●	○
2.4　协作工具	●	●	○
3. 模型与分析			
3.1　4D、5D 展示	●	●	○
3.2　照片及渲染输出	●	●	○
3.3　动画制作模块	●	●	○
4. 协调			
4.1　碰撞检查	●	○	○
4.2　碰撞管理	●	○	○

注：●表示具有该功能，○表示不具有该功能。

由表 0.1 可以看出，Navisworks Manage 是功能最完整的产品，它包含了 Navisworks 的所有功能模块，包括碰撞检测、虚拟施工、动画制作、渲染等。

Navisworks Simulate 除碰撞检查和碰撞管理模块之外，其他功能模块都具备。

Navisworks Freedom 只具备漫游功能，是 Autodesk 针对仅有查看需求的用户所推出的免费版本，用户可以免费下载、安装和使用。

因此，在学习本书的相关技术，即进行 Navisworks 虚拟施工、碰撞检查等专业应用时使用 Navisworks Manage，在仅进行漫游、模型展示工作时可以使用免费版的 Navisworks Freedom。

4. Navisworks 软件在《建筑信息模型技术员国家职业技能标准》中的体现

《建筑信息模型技术员国家职业技能标准》（2021 年版）于 2021 年 12 月 2 日颁布，职业编码：4-04-05-04。

职业定义：利用计算机软件进行工程实践过程中的模拟建造，以改进其全过程中工程工序的技术人员。

职业等级：共设五个等级，分别为五级/初级工、四级/中级工、三级/高级工、二级/技师、一级/高级技师。

职业方向：三级/高级工、二级/技师分建筑工程、机电工程、装饰装修工程、市政工程、公路工程、铁路工程六个专业方向，其他等级不分专业方向，如图0.8所示。

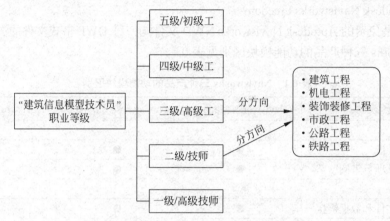

图0.8 "建筑信息模型技术员"职业等级的分级与分专业

其中，四级/中级工、三级/高级工、二级/技师、一级/高级技师的部分技能要用到Navisworks软件。表0.2~表0.4分别是国家职业技能标准中"四级/中级工""三级/高级工""二级/技师"对Revit和Navisworks软件的匹配度。

表0.2 "四级/中级工"的技能要求及软件匹配度

国家职业技能标准中的工作要求			Revit和Navisworks的匹配度	
职业功能	工作内容	技能要求	Revit软件	Navisworks软件
4.成果输出	4.3 效果展现	4.3.1 能使用建筑信息模型建模软件进行模型渲染及漫游	★★★☆☆	★★★★★
		4.3.2 能使用建筑信息模型建模软件输出渲染及漫游成果	★★★☆☆	★★★★★

注：★的数量由5至1分别表示匹配度很高、匹配度较高、匹配度一般、匹配度较低、匹配度很低。

表0.3 "三级/高级工"的技能要求以及软件匹配度

国家职业技能标准中的工作要求			Revit和Navisworks的匹配度	
职业功能	工作内容	技能要求	Revit软件	Navisworks软件
5.成果输出	5.3 效果展现	5.3.1 能使用建筑信息模型建模软件对模型进行精细化渲染及漫游	★★★☆☆	★★★★★
		5.3.2 能使用建筑信息模型建模软件输出精细化渲染及漫游成果	★★★☆☆	★★★★★
	5.4 文档输出	5.4.1 能辅助编制碰撞检查报告、实施方案、建模标准等技术文件	★☆☆☆☆	★★★★★

注：★的数量由5至1分别表示匹配度很高、匹配度较高、匹配度一般、匹配度较低、匹配度很低。

表 0.4 "二级／技师"的技能要求以及软件匹配度

国家职业技能标准中的工作要求			Revit 和 Navisworks 的匹配度	
职业功能	工作内容	技 能 要 求	Revit 软件	Navisworks 软件
4. 专业应用	4.1 设计阶段应用	B　4.1.2　能使用建筑信息模型应用软件检查机电各专业间碰撞及机电与土建专业碰撞，包括软碰撞、硬碰撞 4.1.3　能使用建筑信息模型应用软件核查预留孔洞位置、大小是否与机电管线相符 4.1.4　能使用建筑信息模型应用软件进行管线综合优化，并核查管线走向、管线避让、管线间距、安装空间、运维空间、管线拆分的合理性 4.1.5　能使用建筑信息模型应用软件核查室内净高是否满足建筑使用要求 4.1.6　能基于专业模型进行设计交底	★★☆☆☆	★★★★★
		C　4.1.1　能使用建筑信息模型应用软件配合设计师深化初步设计成果，解决施工中的技术措施、工艺做法和用料问题 4.1.4　能将装饰模型与土建、机电等相关专业模型整合，进行碰撞检查及净空优化，从而形成装饰施工图设计模型 4.1.5　能基于装饰施工图设计模型生成施工图，输出主材统计表、工程量清单，并辅助造价工程师完成工程预算	★★☆☆☆	★★★★★
		F　4.1.3　能使用建筑信息模型应用软件进行冲突检查，编写图纸和模型问题报告及专业间碰撞报告	★★☆☆☆	★★★★★
	4.2 施工阶段应用	A　4.2.1　能使用建筑信息模型应用软件进行可视化施工交底 4.2.7　能使用建筑信息模型应用软件进行土建施工工序模拟，并配合现场工程师进行工序合理性验证，优化进度计划 4.2.9　能使用建筑信息模型应用软件制作施工模拟动画	★☆☆☆☆	★★★★★
		B　4.2.1　能使用建筑信息模型应用软件进行可视化施工交底 4.2.5　能使用建筑信息模型应用软件辅助统计施工工程量 4.2.7　能使用建筑信息模型应用软件制作施工模拟动画	★★☆☆☆	★★★★★
		C　4.2.1　能使用建筑信息模型应用软件进行可视化施工交底 4.2.2　能使用建筑信息模型应用软件和相关的硬件设备进行施工现场测量，获取相关数据，并与设计数据进行比对，为创建深化设计模型提供原始数据 4.2.4　能使用建筑信息模型应用软件辅助统计施工工程量 4.2.6　能使用建筑信息模型应用软件制作施工模拟动画	★☆☆☆☆	★★★★★

续表

国家职业技能标准中的工作要求			Revit 和 Navisworks 的匹配度	
职业功能	工作内容	技能要求	Revit 软件	Navisworks 软件
4. 专业应用	4.2 施工阶段应用	D　4.2.1　能使用建筑信息模型应用软件进行可视化施工交底 4.2.4　能使用建筑信息模型应用软件辅助统计施工工程量 4.2.5　能使用建筑信息模型应用软件制作施工模拟动画	★★☆☆☆	★★★★★
		E　4.2.1　能使用建筑信息模型应用软件进行可视化施工交底 4.2.3　能使用建筑信息模型应用软件完成边坡防护、路基填筑等重点和难点施工方案和施工工艺的可视化模拟 4.2.5　能使用建筑信息模型应用软件制作施工模拟动画	★★☆☆☆	★★★★★
		F　4.2.1　能使用建筑信息模型应用软件进行可视化施工交底 4.2.5　能使用建筑信息模型应用软件进行施工方案、施工工序、施工工艺三维可视化模拟 4.2.6　能使用建筑信息模型应用软件辅助统计施工工程量 4.2.7　能使用建筑信息模型应用软件制作施工模拟动画	★★☆☆☆	★★★★★
5. 成果输出	5.1 效果展现	5.1.1　能使用建筑信息模型效果表现类软件进行精细化渲染及漫游 5.1.2　能使用建筑信息模型效果表现类软件输出精细化渲染及漫游成果	★★★☆☆	★★★★★
	5.2 文档输出	5.2.1　能编制碰撞检查报告、图纸问题报告、净高分析报告等技术文件 5.2.2　能编制建筑信息模型应用汇报资料	★☆☆☆☆	★★★★★

注：1. ★的数量由 5 至 1 分别表示匹配度很高、匹配度较高、匹配度一般、匹配度较低、匹配度很低。

2. 表中的 A、B、C、D、E、F 分别为建筑工程、机电工程、装饰装修工程、市政工程、公路工程、铁路工程六个专业方向。

5. Navisworks 软件在中华人民共和国职业技能大赛中的应用

中华人民共和国职业技能大赛是经国务院批准、人力资源社会保障部主办的职业技能赛事。经国务院批准，从 2020 年起，我国每两年将举办一届中华人民共和国职业技能大赛。

该大赛分世赛选拔项目和国赛精选项目，其中世赛选拔项目为世界技能大赛全国选拔赛，该项目的 BIM 赛项内容包含六个模块，分别为公共数据环境（CDE）与初始设置、建筑建模、结构建模、模型协调、模型校正、可视化，考试软件主要为 Revit 和 Navisworks。

其中，BIM 赛项"模块四：模型协调"必须使用 Navisworks 软件完成，"模块六：可视化"既可以使用 Revit 也可以使用 Navisworks 软件。第一届全国技能大赛"建筑信息建模"项目公开样题中模块四和模块六内容如下。

1)"模块四:模型协调"样题

该模块给定数据如下。

(1)土建模型 .rvt

(2)MEP.rvt

该模块的任务如下。

(1)生成融合模型

(2)出碰撞报告

(3)净高分析,并出分析报告

(4)针对碰撞发现的问题,修改模型中冲突的部分

(5)生成 4D 施工模拟

2)"模块六:可视化"样题

该模块给定数据如下。

(1)土建模型

(2)客户需求

该模块的任务如下。

(1)根据所给的模型布置家具、灯光环境及调整材质

(2)自选视角渲染图片,室外三张,室内两张

(3)制作漫游视频。共两个视频,第一个视频体现建筑外观效果,第二个视频体现室内某一层漫游效果,每一个视频不得少于 30s。视频中不得出现空白场地或无建筑物的情况,建筑外观效果的视频要能看到建筑物所有外墙及外部装饰,室内漫游效果视频要能看到该层所有房间内的效果。

第一届全国技能大赛建筑信息建模项目公开样题

工作任务1 生成 Navisworks 文件并与 Revit 联用

工作任务书

工作任务1
工作文件

项 目	具 体 内 容
岗位标准	1.《建筑信息模型技术员国家职业技能标准》(2021年版),职业编码:4-04-05-04 2. "1+X" 建筑信息模型(BIM)职业技能等级标准
技术标准	《建筑信息模型应用统一标准》(GB/T 51212—2016)、《建筑信息模型施工应用标准》(GB/T 51235—2017)、《建筑信息模型设计交付标准》(GB/T 51301—2018)
技术要求	1. 将"住宅项目.rvt"导出为 NWD 格式的文件。要求:将整个项目分多个级别导出,包括 Revit 中创建的房间模型、CAD 链接文件、URL 网页,但 Revit 中的光源、零件不导出 2. Navisworks 与 Revit 进行联用,以便在 Navisworks 和 Revit 之间进行自由切换查看模型图元
工作任务	典型工作 1.1 生成 Navisworks 文件并与 Revit 联用查看 典型工作 1.2 Navisworks 与 Revit 联用查看图元
交付内容	住宅项目.nwd
工作成图 (参考图)	

学习目标

1. 知识目标
- 了解 Navisworks 的七大核心功能。

工作任务 1　生成 Navisworks 文件并与 Revit 联用 | 11

- 掌握 Navisworks 三种产品的分类和文件类型。
- 掌握将 Revit 文件转成 Navisworks 文件的方式方法。
- 掌握 Navisworks 的三个原生文件与可导出文件。
- 掌握 Navisworks 与 Revit 联用查看图元的方式方法。

2. 能力目标
- 能够准确选择 Navisworks 的一种产品进行使用。
- 能够将"住宅项目.rvt"导出为"住宅项目.nwc"和"住宅项目.nwd"。
- 能够联用 Navisworks 与 Revit 查看"住宅项目.rvt"的屋顶图元。

典型工作 1.1　生成 Navisworks 文件并与 Revit 联用查看

工作场景描述

　　BIM 创建部门将完成的 Revit 文件"住宅项目.rvt"交给 BIM 工程师陈某，陈某在对这个模型做虚拟施工之前要做的第一步工作是将该 Revit 文件转成 Navisworks 文件。
　　陈某在计算机上先安装 Revit 软件，再安装 Navisworks 软件。用 revit 软件打开该项目后，用 Revit 软件的"外部工具"将该 Revit 文件导出为 Navisworks 文件。

任务解决

1. 导出 Navisworks 文件
（1）使用 Revit 软件打开"工作任务 1\住宅项目.rvt"。
（2）单击"附加模块"选项卡→"外部工具"下拉箭头→Navisworks 2020 工具，如图 1.1 所示。

导出
Navisworks
文件

图 1.1　Revit 导出 Navisworks 文件

小贴士

　　只有在计算机上先安装 Revit，再安装 Navisworks。Revit 软件中才会出现"外部工具"——Navisworks 2020 工具。

　　（3）如图 1.2 所示，在弹出的"导出场景为"对话框中，单击下方的"Navisworks 设置"按钮，弹出"Navisworks 选项编辑器"对话框。保持所有默认选项，依次单击"确定"和"保存"按钮即可。

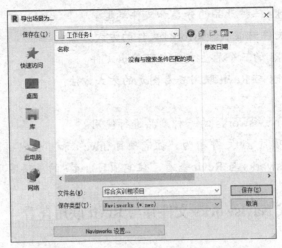

图 1.2 单击"Navisworks 设置"按钮

> **小贴士**
>
> 如图 1.3 所示,在"Navisworks 选项编辑器"对话框中,有"导出""导出房间几何图形""将文件分为多个级别""镶嵌面系数""转换 CAD 链接文件""转换 URL""转换房间即属性""转换光源""转换结构件""转换链接文件""转换元素 ID""转换元素参数"和"转换元素特性"13 个选项,需要重点补充说明。
>
> (1) 如图 1.4 所示,"导出"选项下有 3 个下拉选项可供选择。①"整个项目":导出的是 Revit 整个项目的所有三维模型,与 Revit 的可见性设置无关。②"当前视图":在 Revit 项目环境中,当前视图所显示的所有内容。如果 Revit 当前视图有隐藏的图元,那么导出的模型中将不包含该隐藏的图元。③"选择":以模型中当前已经选择的模型作为导出成果,与当前视图的可见性无关,只与是否选择有关。默认选项为导出"整个项目"。

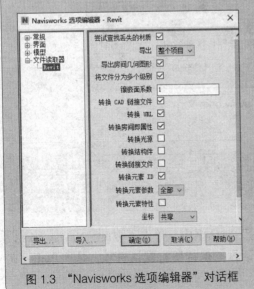

图 1.3 "Navisworks 选项编辑器"对话框　　图 1.4 三种"导出"选项

（2）"导出房间几何图形"选项。若勾选该复选框，Revit 中创建的房间将被导出。Revit 创建的房间在 Navisworks 软件中表现为透明的三维模型。默认为勾选该复选框。

（3）"将文件分为多个级别"选项。若勾选该复选框，则在导出时会把模型按一定规则进行分类。其具体规则为"文件"—"标高"—"族"—"类型"—"实例"。如果不勾选，则导出分类不含"标高"。默认为勾选该复选框。

（4）"镶嵌面系数"选项。输入所需的值可控制发生的镶嵌面的级别。镶嵌面系数必须大于或等于 0。当其值为 0 时，将导致禁用镶嵌面系数；当要获得两倍的镶嵌面数时，请将此值加倍；当要获得一半的镶嵌面数，请将此值减半。镶嵌面系数越大，模型的多边形数就越多，且 Navisworks 文件也越大。一般不变动该值，保持默认值 1。

（5）"转换 CAD 链接文件"选项。勾选该复选框后，在 Navisworks 中打开或附加任何原生 CAD 文件或激光扫描文件时，将在原始文件所在的目录中创建一个与原始文件同名但文件扩展名为 .nwc 的缓存文件。默认为勾选该复选框。

（6）"转换 URL"选项。若勾选该复选框，则在 Revit 文件中存在的网页超链接（如族构件信息中的一些生产厂家的网址）将被导出。默认为勾选该复选框。

（7）"转换房间即属性"选项。若勾选该复选框，将转换出房间的面积、周长、体积及相关标高定位等属性。默认为勾选该复选框。

（8）"转换光源"选项。勾选该复选框可转换光源。如果不勾选，文件读取器会忽略光源。一般来说，Navisworks 会重建光源，因此不勾选该复选框。

（9）"转换结构件"选项。该处的结构件并不是柱、梁、板等承重结构构件，而是 Revit 中的创建的"部件"或"零件"。勾选后，Revit 中与构件相关的"部件"或"零件"将被导出。默认为不勾选该复选框。

（10）"转换链接文件"选项。若勾选该复选框，当前文件中的 Revit 链接文件将随主文件一起导出。默认为不勾选该复选框。

（11）"转换元素 ID"选项。若勾选该复选框，可以把 Revit 文件中的元素 ID 号转换成 Navisworks 可识别的形式。默认为勾选该复选框。

（12）"转换元素参数"选项。若勾选该复选框，转换绝大部分 Revit 参数信息，一般选择默认选项——"全部"。

（13）"转换元素特性"选项。勾选此复选框，可指定读取 Revit 参数的方式，有"无""元素"和"全部"三个选择。①无：文件导出器不转换参数。②元素：文件导出器转换所有找到的元素的参数。③全部：文件导出器转换所有找到的元素（包括参照元素）的参数，这样会在 Navisworks 中提供额外的特性选项卡。一般采用默认值，即选择"全部"选项。

本典型工作的"住宅项目 .rvt"中没有"部件"和"零件"，也没有链接其他 revit 模型，因此本典型工作均采用默认值，将模型保存为"住宅项目 .nwc"。

2. 导出为 NWD 格式文件

（1）双击打开"住宅项目 .nwc"。

（2）单击左上方的应用程序按钮 ，单击"另存为"，如图 1.5 所示。在弹出的"另

导出为 NWD 格式文件

存为"对话框中选择 Navisworks 2015（*.nwd）选项，单击"保存"按钮，如图 1.6 所示。保存为"住宅项目 .nwd"文件。

图 1.5　另存为

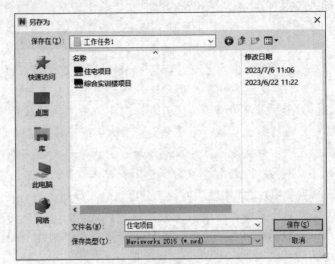

图 1.6　保存类型"*.nwd"

完成的文件见"工作任务 1\ 住宅项目 .nwc""工作任务 1\ 住宅项目 .nwd"。

3. 认识 Navisworks 的原生文件与可导出文件

1）Navisworks 的三种原生文件

Autodesk Navisworks 有三种原生文件格式：NWD、NWC 和 NWF。

（1）NWD 文件格式。NWD 文件包含所有模型几何图形以及专属 Autodesk Navisworks 的数据，如审阅标记。NWD 文件可以看作模型当前状态的快照，即此格式包含所有模型和此模型当中的一些标记、视点及相关设置属性等所有数据。NWD 文件非常小，因为它们可以最大限度地将 CAD 数据压缩为原始大小的 80%。

（2）NWC 文件格式。NWC 格式的文件为缓存文件。当 Revit 导出 Navisworks 文件，或者使用 Navisworks 直接打开 Revit 或 CAD 等软件时，将在原始文件所在的目录中创建一个与原始文件同名但文件扩展名为 .nwc 的缓存文件。

由于 NWC 文件比原始文件小，因此可以加快对常用文件的访问速度。下次在 Navisworks 中打开或附加文件时，若缓存文件较原始文件新，将从相应的缓存文件中读取数据；若缓存文件较旧（即原始文件已更改），Navisworks 将转换和更新文件，并为其重新创建一个 NWC 文件。

（3）NWF 文件格式。NWF 文件包含指向原始原生文件（在"选择树"上列出）以及专属 Autodesk Navisworks 的数据（如审阅标记）的链接。可以理解为此文件是用来管理链接文件的文件，此文件格式不会保存任何模型几何图形，只有一些相关设置属性，这使得 NWF 的大小比 NWD 还要小很多。

2）Navisworks 可导出的文件格式

除了上面这三种原生文件格式外，Navisworks 还可以导出以下一些数据格式，以便于数据交互和信息传递。

（1）DWF/DWFX 格式。Navisworks 可将三维模型导出为 DWF 或 DWFX 格式的文件，

是 Autodesk Design Review 电子校审软件格式。

（2）Google Earth KML 格式。可以从 Autodesk Navisworks 导出 Google Earth KML 文件。导出器会创建一个扩展名为 .kmz 的压缩文件，此文件可把模型发布到 Google Earth 上。

（3）FBX 格式。FBX 格式是 Autodesk 影视娱乐行业的通用格式，可在 3ds Max、Maya、SoftImage 等软件间进行模型、材质、动作、相机信息的互导，是较好的互导方案。

（4）XML 格式。XML 格式的文件可以是搜索集或视点文件、碰撞报告文件、工作空间，具体如下。

XML 搜索集：具有可执行所处项目相关的复杂搜索条件（包括逻辑语句及判断），是 Navisworks 使用率非常高的一种格式。

XML 视点文件：视点中包含所有的关联数据，如相机位置、剖面、隐藏项目和材质替代、红线批注、注释、标记和碰撞检查设置。

XML 碰撞报告文件：设置好碰撞检查规则，类似于碰撞集规则的设置文件。

XML 工作空间：根据个人习惯保存工具面板的位置布局及使用习惯。

（5）NWP 材质选项板文件。可以在多个 Navisworks 项目之间传递材质设置的文件，类似于材质库的集合。

典型工作 1.2　Navisworks 与 Revit 联用查看图元

工作场景描述

BIM 工程师陈某在使用 Navisworks 软件做虚拟仿真工作时，经常需要返回 Revit 源文件中查看图元的属性或者对图元进行修改。那么，是否有办法将 Navisworks 中正在查看的图元在 Revit 中快速定位呢。

Navisworks 与 Revit 联用查看图元

陈某先在 Revit 中激活 Navisworks SwitchBack 2020 工具，在 Navisworks 中选择某个图元后单击"返回"工具，系统可以自动从 Navisworks 切换至 Revit，自动选择与 Navisworks 中相同的图元。

任务解决

先安装 Revit 再安装 Navisworks 后，会在 Revit 界面的"附加模块"选项卡中生成"外部工具"下拉菜单，在其中可以选择 Navisworks 2020 或 Navisworks SwitchBack 2020 两个插件。其中，Navisworks SwitchBack 2020 插件可用于 Revit 与 Navisworks 之间的交互操作。使用该工具时，必须首先打开包含相同场景的 Revit 文件和 Navisworks 文件，操作如下。

（1）打开"工作任务 1\住宅项目 .rvt"和"工作任务 1\住宅项目 .nwd"。

（2）在"工作任务 1\住宅项目 .rvt"中单击启用 Navisworks SwitchBack 2020 工具。

（3）如图 1.7 所示，在"工作任务 1\住宅项目 .nwd"中选择某一图元，如选择屋顶。

（4）如图 1.8 所示，单击"项目工具"上下文选项卡→"返回"面板→"返回"工具，系统将自动切换至 Revit 中，且自动选择与 Navisworks 中相同的图元，如图 1.9 所示。同

时,Navisworks SwitchBack 2020 工具还将在 Revit 项目浏览器中自动创建名为 Navisworks SwitchBack 的三维视图,如图 1.10 所示。该视图与 Navisworks 中视点位置保持一致。

图 1.7 在 Navisworks 中选择屋顶

图 1.8 "返回"工具

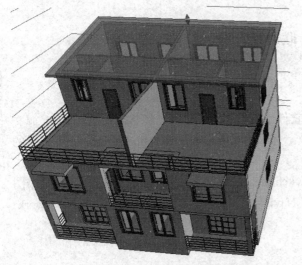

图 1.9 Revit 中自动选择屋顶图元

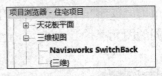

图 1.10 在 Revit 中自动生成"Navisworks SwitchBack"三维视图

完成的文件见"工作任务 1\住宅项目 Navisworks SwitchBack 完成 .rvt""工作任务 1\住宅项目 Navisworks SwitchBack 完成 .nwd"。

使用 Navisworks SwitchBack 2020 工具,可以在 Navisworks 和 Revit 之间进行自由切换,方便用户在 Navisworks 中检视和发现问题,及时返回 Revit 中对其进行修改和变更。

工 匠 精 神

建筑虚拟仿真技术应用的一个重要特点是建筑虚拟仿真模型要与实时变化的工程实际现场模型相吻合,这就需要具有敬业专注、精益求精的工匠精神。工匠精神是我国优秀传统文化的重要内容和宝贵财富。《考工记解》中有:"周人尚文采,古虽有车,至周而愈精,故一器而工聚焉。如陶器亦自古有之。舜防时,已陶渔矣,必至虞时,瓦器愈精好也。"反映的正是我国古代的能工巧匠们不断追求技艺精进的精神品格。

  敬业是从业者基于对职业的敬畏和热爱而产生的一种全身心投入的认认真真、尽职尽责的职业精神状态。中华民族历来有"敬业乐群""忠于职守"的传统,敬业是中国人的传统美德,也是当今社会主义核心价值观的基本要求之一。早在春秋时期,孔子就主张人在一生中始终要"执事敬""事思敬""修己以敬"。所谓"执事敬",是指行事要严肃认真不怠慢;所谓"事思敬",是指临事要专心致志不懈怠;所谓"修己以敬",是指加强自身修养,保持恭敬谦逊的态度。

  精益就是精益求精,是从业者对每件产品、每道工序都凝心聚力、精益求精、追求极致的职业品质。所谓精益求精,是指已经做得很好了,还要求做得更好,"即使做一颗螺丝钉也要做到最好"。正如老子所说,"天下大事,必作于细"。能基业长青的企业,无不是精益求精才获得成功的。

  专注就是内心笃定而着眼于细节的耐心、执着、坚持的精神,这是一切"大国工匠"所必须具备的精神特质。从中外实践经验来看,工匠精神都意味着一种执着,即一种几十年如一日的坚持与韧性。"术业有专攻",一旦选定行业,就一门心思扎根下去,心无旁骛,在一个细分产品上不断积累优势,在各自领域成为"领头羊"。在中国早就有"艺痴者技必良"的说法,如《庄子》中记载的游刃有余的"庖丁解牛"、《核舟记》中记载的奇巧人王叔远等。

  工匠精神还包括追求突破、追求革新的创新内蕴。古往今来,热衷于创新和发明的工匠们一直是世界科技进步的重要推动力量,我国评选的工匠和大国工匠均是"工匠精神"的优秀传承者,他们让中国创新影响了世界。

工作总结

  Navisworks 有轻量化模型整合、实时漫游、审阅批注、碰撞检测、渲染、人机动画、施工模拟七大核心功能。

  Navisworks 有三个不同的产品,分别为 Navisworks Manage、Navisworks Simulate 和 Navisworks Freedom。Navisworks Manage 是三者中功能最完整的产品,它包含了 Navisworks 的所有功能模块。Navisworks Simulate 缺少碰撞检查模块,其他功能模块都有。Navisworks Freedom 只具备漫游功能,是 Autodesk 针对仅有查看需求的用户所推出的免费版本,用户可以免费下载、安装和使用。

  Navisworks 有三种原生文件格式,分别为 NWD、NWF 和 NWC。除了上面这三种原生格式,Navisworks 还可以导出其他数据格式,便于数据交互和传递,这些格式包括 DWF/DWFX 格式、Google Earth KML 格式、FBX 格式、XML 格式和 NWP 材质选项板文件格式。

  Revit 文件转成 Navisworks 文件的方法:在 Revit 中单击 Navisworks 2020 工具,在弹出的"导出场景为"对话框中单击下方的"Navisworks 设置"进行导出设置,可以导出 NWC 格式文件。打开该文件,单击左上方的应用程序按钮,选择"另存为"选项可将文件保存为 NWD 格式文件。

Navisworks 与 Revit 联用查看图元的方法：同时打开 Revit 的源文件和 Navisworks 场景文件，开启 Revit 的 Navisworks SwitchBack 2020；在 Navisworks 中选择某个图元后单击"返回"工具，系统可以自动从 Navisworks 切换至 Revit，自动选择与 Navisworks 中相同的图元，并且在 Revit 项目浏览器中自动创建名为 Navisworks SwitchBack 的三维视图。

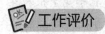 工作评价

工作评价表

序号	评分项目	分值	评价内容	自评	互评	教师评分	客户评分
1	Navisworks 的七大核心功能	20	1. 第一个核心内容，2 分 2. 第二至第七核心内容，3 分/个，共 18 分				
2	Navisworks 三种产品的异同	15	1. Navisworks 三种产品，6 分 2. 三种产品的异同，9 分				
3	Navisworks 的三个原生文件与可导出文件	20	1. 三个原生文件，12 分 2. 可导出文件，8 分				
4	将 RVT 格式文件导出为 NWD 格式文件	25	1. 导出设置，15 分 2. 导出为 NWC 格式文件，5 分 3. 导出为 NWD 格式文件，5 分				
5	Navisworks 与 Revit 进行联用查看图元	20	1. 启用"Navisworks SwitchBack 2020"工具，10 分 2. Navisworks 与 Revit 协同查看屋顶图元，10 分				
	总 分						

工作任务 2 设置、浏览与修改 Navisworks 模型

工作任务书

项 目	具 体 内 容
岗位标准	1.《建筑信息模型技术员国家职业技能标准》(2021 年版)，职业编码：4-04-05-04 2."1+X"建筑信息模型（BIM）职业技能等级标准
技术标准	《建筑信息模型应用统一标准》(GB/T 51212—2016)、《建筑信息模型施工应用标准》(GB/T 51235—2017)、《建筑信息模型设计交付标准》(GB/T 51301—2018)
技术要求	1. 按照职业标准自定义 Navisworks 界面，设置 Navisworks 的文件选项和全局选项 2. 将"综合实训楼项目 - 场地 .nwd"和"综合实训楼项目 - 建筑物 .nwd"整合成一个模型 3. 将"综合实训楼项目 - 合并完成 .nwd"北侧入口处装饰墙向 X 方向移动 2m、在 Y 方向旋转 45° 4. 将"综合实训楼项目 - 合并完成 .nwd"中的场地进行隐藏，将二层以上的外墙修改为红色和 60% 的透明度 5. 对"图元持定 .nwd"中的汽车进行持定，在漫游和播放动画中保持持定关系
工作任务	典型工作 2.1 设置与浏览 Navisworks 模型 典型工作 2.2 将多个模型整合成一个模型 典型工作 2.3 修改模型的外观和位置 典型工作 2.4 控制图元的可见性并进行图元持定
交付内容	1. 综合实训楼项目 - 合并完成 .nwd 2. 外墙外观替代完成 .nwd 3. 图元持定完成 .nwd
工作成图 （参考图）	

工作任务2 工作文件

20 | Autodesk Navisworks BIM 模型应用技术

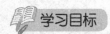 学习目标

1. 知识目标
- 了解 Navisworks 的软件界面。
- 掌握自定义 Navisworks 界面以及设置文件选项和全局选项的方式方法。
- 掌握模型合成和修改图元颜色、外观的方式方法。
- 掌握图元持定的方式方法。

2. 能力目标
- 能够自定义 Navisworks 界面。
- 能够将多个模型文件整合成一个模型。
- 能够对图元位置、颜色、透明度进行修改。
- 能够对某个图元进行持定，并在漫游和播放动画中保持持定关系。

典型工作 2.1 设置与浏览 Navisworks 模型

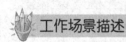 工作场景描述

为了更便捷使用软件、提升工作效率，BIM 工程师陈某要做的是首先熟悉 Navisworks 的各种软件，然后再根据自己的习惯对软件进行设置。

任务解决

熟悉和自定义 Navisworks 界面

1. 熟悉 Navisworks 界面

打开"工作任务 1\综合实训楼项目 .nwd"，启动后的 Navisworks 界面如图 2.1 所示。

图 2.1 Navisworks 界面

进行以下操作，以熟悉 Navisworks 界面。

（1）单击各选项卡的名称，如图 2.2 所示。可以在各选项卡中进行切换，每个选项卡中都包括一个或多个由各种工具组成的面板，每个面板都会在下方显示面板名称。单击面板所包含的工具，可以使用各种工具。

图 2.2　选项卡

（2）移动鼠标指针至面板的某个工具上并稍做停留，Navisworks 会弹出该工具的名称及文字操作说明。

执行如下操作：单击"常用"选项卡，将鼠标指针停在"选择与搜索"面板的"选择树"工具，弹出相应的文字操作说明，说明中括号内的文字表示该工具对应的快捷键，即按 Ctrl+F12 组合键可以打开或关闭"选择树"工具，如图 2.3 所示。

图 2.3　文字说明的弹出

（3）在场景区域选择一个图元时，在 Navisworks 将显示"项目工具"上下文选项卡，该选项卡显示了可对所选择图元进行编辑、修改的工具。由于该选项卡与所选择的图元有关，因此将该选项卡也称为"上下文选项卡"。

执行如下操作：选择一面墙体，在"项目工具"上下文选项卡会看到"变换"面板中提供了"移动""旋转""缩放"等工具，如图 2.4 所示，当按 Esc 键取消选择时，"项目工具"选项卡消失。

（4）工具对话框可以固定或隐藏显示。

执行如下操作：单击"常用"选项卡→"选择和搜索"面板→"选择树"工具，将弹出"选择树"工具对话框；单击"选择树"工具对话框右上方的"自动隐藏"，该工具对话框变为固定状态，如图 2.5 所示。类似地，再次单击该图标，可将该工具对话框变为隐藏状态。单击工具对话框右上方的"关闭"按钮，可关闭该工具对话框。单击"常用"选项卡→"选择和搜索"面板→"选择树"工具，会再次弹出"选择树"工具对话框。

图 2.4 "项目工具"上下文选项卡

图 2.5 "选择树"工具对话框的弹出

2. 自定义 Navisworks 界面

进行以下操作可以对 Navisworks 界面进行自定义。

（1）多次单击选项卡最右侧 按钮，Navisworks 将在"最小化为面板按钮""最小化为面板标题""最小化为选项卡""显示完整的功能区"之间循环切换，如图 2.6 所示。通过这种方式，可以得到更大的场景区域空间。

图 2.6 "最小化面板按钮"

（2）在任意选项卡名称上右击，弹出如图 2.7 所示的快捷菜单。通过勾选或取消勾选"显示选项卡""显示面板"和"显示面板标题"，可以显示或隐藏相应的选项卡、面板和面板标题。

单击"恢复默认功能区"，Navisworks 的选项卡及其面板将恢复至默认显示。

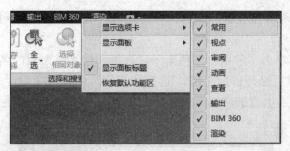

图 2.7　通过右击弹出快捷菜单

（3）在正常完整面板状态，单击"查看"选项卡→"工作空间"面板→"载入工作空间"工具下拉箭头，在弹出的下拉菜单中选择"Navisworks 最小"工作空间模式，将切换到"Navisworks 最小"的界面显示状态，如图 2.8 所示。

图 2.8　Navisworks 工作空间的切换

继续切换至"安全模式"和"Navisworks 扩展"模式，注意观察界面的变化。

单击"更多工作空间"选项，可载入设置好的工作空间。

（4）单击"查看"选项卡→"工作空间"面板→"保存工作空间"工具如图 2.9 所示，可以对设置好的工作空间进行保存。

> **说明**
> 工作空间为 XML 格式的文件。

（5）单击"查看"选项卡→"工作空间"面板→"窗口"下拉箭头，可以在下拉菜单中查看当前 Navisworks 所有可用的工具对话框，如图 2.10 所示。显示或隐藏工具对话框仅需在该列表中勾选或取消勾选相应工具的复选框。

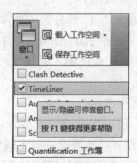

图 2.9　工作空间的保存　　图 2.10　工具对话框的打开

（6）单击面板名称并按住鼠标左键，将其拖动至场景区域后松开鼠标左键，可以将该固定面板变为浮动面板。

操作示例如下：单击"常用"选项卡→"选择和搜索"面板的名称并按住鼠标左键，将其拖曳至场景区域后松开鼠标左键，"选择和搜索"面板将变为浮动的面板；如图2.11所示，单击浮动面板右上方的"将面板返回到功能区"工具，可以使"选择和搜索"面板返回功能区。

图2.11 面板的固定与浮动

（7）可以对工具对话框进行展开，以及改动其位置。

以"选择树"工具为例，操作如下：如图2.12所示，单击"常用"选项卡→"选择和搜索"面板→"选择树"工具，确保"选择树"处于被启动状态；鼠标指针停在场景区域左上方的"选择树"位置，将自动展开"选择树"工具对话框；单击面板右上方的"自动隐藏"按钮 ，可以使"选择树"工具对话框固定显示。

移动鼠标指针至"选择树"工具对话框中上方的蓝色标题栏位置，如图2.13所示。单击并按住鼠标左键，拖曳鼠标指针将该面板脱离原位置，Navisworks将显示上、下、左、右区域指示位置符号。移动鼠标指针可将"选择树"工具对话框拖动至相应位置，松开鼠标将固定该工具对话框。

图2.12 工具对话框的展开

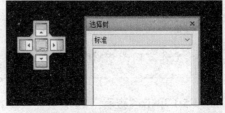

图2.13 工具对话框的拖曳和固定

设置Navisworks的文件选项和全局选项

3. 设置Navisworks的文件选项和全局选项

Navisworks的环境设置分为两大类，分别是"文件选项"和"全局选项"。"文件选项"是指包含在某一个Navisworks文件中一些属性的设置，文件复制到哪，里面的相关参数设置就跟到哪。"全局选项"是指Navisworks软件本身运行时所包含的相关设置，它不随文件本身传递。

1）设置"文件选项"

"文件选项"可以用来调整模型外观的消隐状态、模型导航的速度以及模型场景中的预设光源亮度，没有特殊需求一般不调整"文件选项"。

单击"常用"选项卡→"项目"面板→"文件选项"工具，或者在打开模型的空白处右击,选择"文件选项",可以打开"文件选项"对话框(快捷键为Shift+F11),如图2.14所示。

"文件选项"对话框中有"消隐""方向""速度""头光源""场景光源"、DataTools选项卡,如图2.15所示。其含义如下。

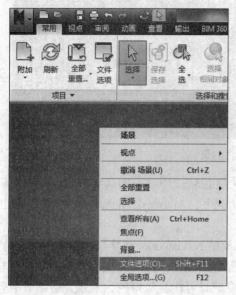

图2.14 "文件选项"的打开方法

图2.15 "文件选项"对话框

(1)"消隐"选项卡。用于对区域或剪裁平面等进行设置,超过该值时对象将被消隐。该功能主要是为了减轻显卡的负担,优化模型显示速度。"背面"包含"关闭""立体""打开"选项(见图2.16),优先选择"关闭"选项,该选项可以理解为"闭合",即模型以完整的闭合状态显示出来,而不是通过某些消隐技术来处理掉。其他的两个选项"立体"和"打开",都有隐藏模型背面的功能。

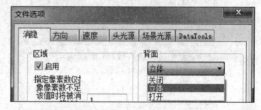

图2.16 "消隐"选项卡

单击ViewCube的东南角点(见图2.17),设置剪裁平面"近"和"远"的值分别为500和700(见图2.18),场景文件的显示如图2.19所示。观察完成后重新将剪裁平面设置为"自动"。

图2.17 单击ViewCube东南角点

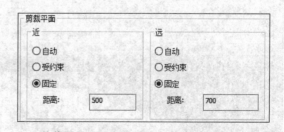

图2.18 剪裁平面"近"和"远"值分别设置为500和700

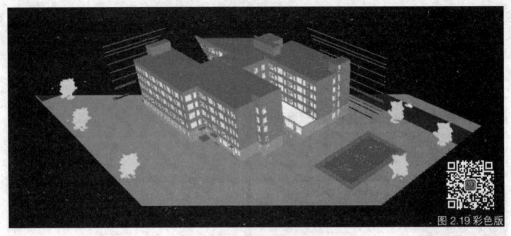

图 2.19 剪裁平面后的显示

（2）"方向"选项卡。此选项卡是用来调整模型在软件环境中的真实方向，分别可以设置整个项目的"北"和"上"两个方向。默认情况下，Autodesk Navisworks 会将 Z 轴正方向作为"向上"，将 Y 轴正方向作为"北方"。

（3）"速度"选项卡。通过帧频的设置，可以调整 Navisworks 在导航过程中的平滑性，如果提高帧频数，则可以使漫游和浏览模型的过程更加流畅，但同时模型相关细节的忽略程度将会提高。反之，如果降低帧频，则在浏览模型时可能会显得较为卡顿，但细节的忽略程度将会降低，保证了细节的完整性。这里要注意的是，细节只在导航的运动过程中被忽略，在导航停止时，细节将全部恢复。

（4）"头光源"选项卡。此选项卡可用于更改场景的环境光和顶光源的亮度。其中，操作环境光滑块可控制场景的总亮度，操作顶光源滑块可控制位于相机上的光源亮度。

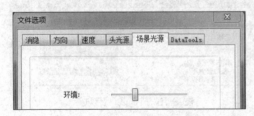

图 2.20 场景亮度的调节

（5）"场景光源"选项卡。可用于调整场景中的总亮度，如图 2.20 所示。

"头光源"和"场景光源"的显示要看当前"视点"选项卡→"光源"工具是否选择了"头光源"或"场景光源"，如图 2.21 所示。

图 2.21 "场景光源""头光源"的显示切换

2）设置"全局选项"

"全局选项"又称为"选项编辑器"。打开方式是：在场景区域的空白处右击，选择"全局选项"。

"选项编辑器"常用的选项主要有三大类，分别是"常规""界面"和"模型"，如图 2.22 所示。

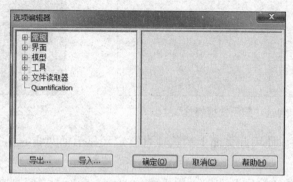

图 2.22 "选项编辑器"对话框

（1）"常规"选项。"常规"选项用于设置和调整 Navisworks 缓冲区大小、文件位置、最近文件历史数量以及自动保存选项的设置。一般使用系统默认的设置即可。

（2）"界面"选项。"界面"选项用于设置并自定义 Navisworks 的一些比较核心的参数。常用的主要有以下几类。

① "显示单位"页面。使用此页面上的选项可自定义 Autodesk Navisworks 使用的单位，如长度单位、角度单位、小数位数及精度。

② "选择"页面。使用此页面上的选项可以对"选择"工具和高亮显示几何图形对象的方式进行配置，如可以控制选择工具默认的选择范围大小，即"拾取半径"；还可以设置对象被选中后的表现方式。

③ "测量"页面。使用此页面上的选项可调整测量线的外观和样式，如指定测量线的线宽、颜色，以及是否以中心线方式测量最短距离，如两根管的间距。

④ "捕捉"页面。使用此页面上的选项可调整光标捕捉，可以控制是否捕捉的开关，以及敏感度。

⑤ "视点默认值"页面。使用此页面上的选项可定义创建属性时随视点一起保存的属性，包括可见性（是否隐藏）、对象的材质、透明度、颜色、线速度和角速度，即每个视点可以设置独立的表现样式和行为。这里需要说明的是，不能大量使用此种独立的视点表现，因为将状态信息保存下来需相对较大的内存。如果后期切换此选项，并不会影响之前创建和保存的视点。

⑥ "快捷特性"页面。此页面可用于自定义鼠标指针所在位置的构件以及相关构件的属性信息。

做以下操作练习：勾选"显示快捷特性"（见图 2.23），单击"确定"按钮退出选项编辑器；鼠标指针停在某一面外墙处，此时外墙信息会自动浮动显示，如图 2.24 所示。

⑦ "显示"页面。使用此页面上的选项可调整显示性能，用来控制 Navisworks 在显示过程中的一些细节和驱动程序。

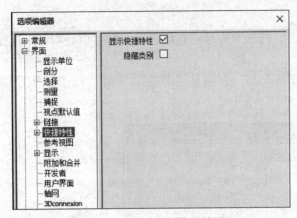

图 2.23　勾选"显示快捷特性"　　　　图 2.24　外墙特性的显示

⑧"轴网"页面。使用此页面上的选项可自定义显示轴网线的开关与样式，方便管线的综合定位。

（3）"模型"选项。"模型"选项可用于优化 Navisworks 性能，如能够自动确认可以使用的最大内存，可以自动合并重复的几何模型。

做以下操作练习：在"选项编辑器"对话框中勾选"载入时关闭 NWC/NWD 文件"复选框，如图 2.25 所示。可以在载入时关闭 NWC 或 NWD，这样的好处是可以供多人同时打开存放在网络共享路径中的 NWC 或 NWD 文件，并进行编辑。

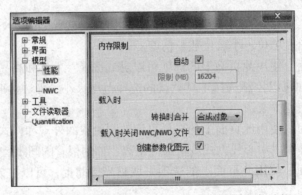

图 2.25　勾选"载入时关闭 NWC/NWD 文件"复选框

浏览展示模型

4. 浏览展示模型

1）改变"背景"

（1）打开"工作任务 2\综合实训楼项目 .nwd"。

（2）在场景区域右击，弹出"场景"快捷菜单，如图 2.26 所示。选择"背景"选项，在弹出的"背景设置"对话框中有"单色""渐变""地平线"三种模式可供选择。本例中选择"渐变"模式（见图 2.27），单击"确定"按钮退出。

2）平移、缩放、旋转

利用鼠标滚轮可进行视图的平移、缩放和旋转，具体操作如下。

（1）平移。按下鼠标滚轮，然后移动鼠标，使视图平移，平移到合适位置后松开鼠标滚轮，平移命令结束。

工作任务2　设置、浏览与修改Navisworks模型 | 29

图2.26　"场景"快捷菜单

图2.27　选择"渐变"模式

（2）缩放和确定旋转的"轴心"。向前或向后滚动滚轮，观察视图，能够实现视图的放大和缩小；同时，这种方式也会确定旋转的"轴心"，如图2.28所示。

（3）旋转。按住Shift键，然后再按下鼠标滚轮移动鼠标，可以实现视图的旋转。

3）ViewCube和导航栏

ViewCube和导航栏位于场景区域右侧，如图2.29所示。主要有以下几种工具。

图2.28　旋转轴心的确定

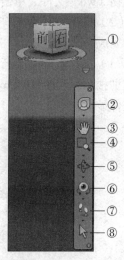

图2.29　ViewCube和导航栏

① ViewCube。用于指示模型的当前方向，并定向模型的当前视图。

②"全导航控制盘"。用于在专用导航工具之间快速切换的控制盘集合。

③"平移"。激活平移工具并平行于屏幕移动视图。快捷操作方式为按下鼠标滚轮平移。

④"缩放"。用于增大或减小模型的当前视图比例。此功能生效时，可在视图中把此缩放点设置为模型的旋转轴心。快捷操作方式为向前或向后滚动鼠标滚轮。

⑤"动态观察"。用于在视图保持固定时围绕轴心点旋转模型。

⑥"环视"。用于垂直和水平旋转当前视图。

⑦"漫游和飞行"。用于在模型中行走和飞行。将在工作任务4中进行详讲。

⑧"选择"。用于对构件的选择，相当于"常用"选项卡"选择和搜索"面板中的"选择"工具。

典型工作 2.2　将多个模型整合成一个模型

工作场景描述

BIM 建模部门采用"分专业"的方式分别创建综合实训楼的建筑模型和场地模型，现在需要 BIM 工程师陈某将这两个模型整合成一个整体。

陈某采用 Navisworks 中的"合并"工具将不同 BIM 文件合并成一个模型。

任务解决

1. 模型整合

（1）打开 Navisworks Manage 软件，单击"常用"选项卡→"项目"面板→"合并"工具（见图 2.30），同时选择"工作任务 2\综合实训楼项目 - 场地 .nwd"和"工作任务 2\综合实训楼项目 - 建筑物 .nwd"文件，单击"打开"按钮。

（2）将模型另存为"综合实训楼项目 - 合并完成 .nwd"，模型整合完成。

（3）将背景调为"渐变色"。"综合实训楼项目 - 场地 .nwd""综合实训楼项目 - 建筑物 .nwd""综合实训楼项目 - 合并完成 .nwd"场景文件显示如图 2.31（a）~（c）所示。

图 2.30　选择"合并"工具

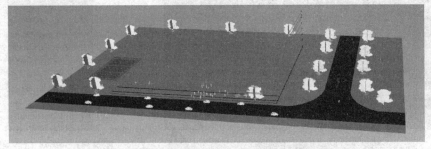

(a) "综合实训楼项目-场地.nwd" 场景文件显示

(b) "综合实训楼项目-建筑物.nwd" 场景文件显示

图 2.31　场景文件显示

(c)"综合实训楼项目-合并完成.nwd"场景文件显示

图 2.31(续)

2.整合文件的查看

(1)打开"工作任务2\综合实训楼项目-合并完成.nwd"。

(2)单击"常用"选项卡→"选择和搜索"面板→"选择树"工具,如图2.32所示,在"标准"状态下,会看到该模型包含了"综合实训楼项目-场地.nwd"和"综合实训楼项目-建筑物.nwd"。

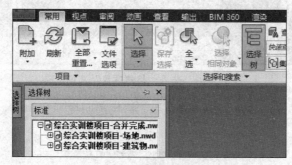

图2.32 打开"选择树"工具

典型工作2.3 修改模型的外观和位置

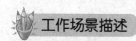 工作场景描述

根据甲方要求,需要对Navisworks模型的颜色和位置进行更改。

BIM工程师陈某在Navisworks中选择需要更改的图元,利用"替代项目"和"变换"来改变图元的颜色和位置。

任务解决

Navisworks无法创建新的模型,只能对模型的颜色、透明度、显示样式以及位置和大小进行编辑和修改。

1."替代项目"法修改模型外观

(1)打开"工作任务2\综合实训楼项目-合并完成.nwd",选择要更改颜色的一面墙体,如选择北侧入口处的"综合实训楼装饰墙"。

"替代项目"法修改模型外观

（2）右击选择"替代项目"选项，如图 2.33 所示，出现"替代颜色""替代透明度"和"替代变换"三个选项。

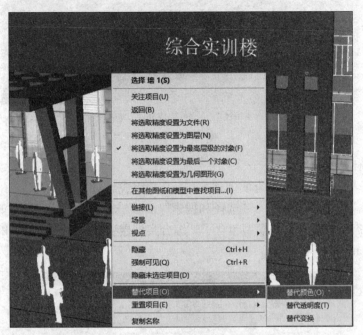

图 2.33　选择"替代项目"选项

（3）分别设置"替代颜色"为"黄色"，"替代透明度"为 70%，模型外观如图 2.34 所示。

图 2.34　黄色、70% 透明度下的模型外观

> **注意**
>
> 　　替代模式对应的是"着色"状态下的显示，应确保"视点"选项卡→"模式"的选择为"着色"。

（4）再次选择该墙体，右击，选择"重置项目"→"重置外观"选项，将返回到原先的外观状态，如图2.35所示。

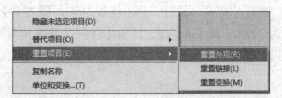

图2.35　重置外观

2."项目工具"法修改项目位置

继续选择北侧入口处的"综合实训楼装饰墙"，选择"项目工具"上下文选项卡，如图2.36所示。

图2.36　选择"项目工具"选项卡

在"变换"面板中可以进行移动、旋转、缩放以及重置变换操作。选择图元，然后选择一种变换工具（移动、旋转或缩放），会在该图元上出现相应操作柄，操作该操作柄实现相应的移动、旋转或缩放。

在"外观"面板中可以进行颜色、透明度和重置外观操作。

在"链接"面板中可以进行添加链接、编辑链接和重置链接操作。

在"可见性"面板中可以进行隐藏操作。

1）移动操作

下面以将图元向X正方向移动2m为例（见图2.37），具体操作如下。

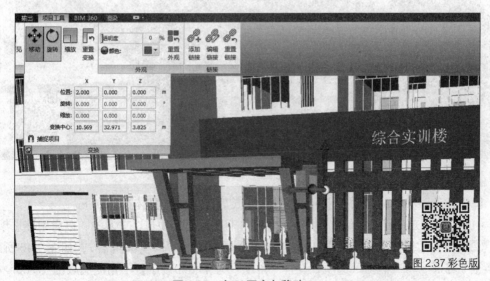

图2.37　向X正方向移动2m

（1）选择北侧入口处的"综合实训楼装饰墙"。

（2）单击"项目工具"选项卡→"移动"工具，此时会出现三个方向的移动箭头。

（3）单击"变换"展开"变换"面板，单击面板左下方 按钮进行固定。

（4）将 X 值设置为 2.000，按 Enter 键，该墙体将向 X 正方向移动 2m。

（5）单击"变换"面板→"重置变换"工具，将放弃对所选图元的变换操作，图元将恢复至初始状态。

2）旋转操作

下面以"将图元旋转 45°"为例（见图 2.38），具体操作如下。

（1）选择北侧入口处的"综合实训楼装饰墙"。

（2）单击"项目工具"选项卡→"旋转"工具，此时会出现三个方向的移动箭头。

（3）单击"变换"展开"变换"面板，单击面板左下角 按钮进行固定。

（4）输入旋转角度完成变换：将 Y 值设置为 45.000，按 Enter 键，该墙体将旋转 45°。

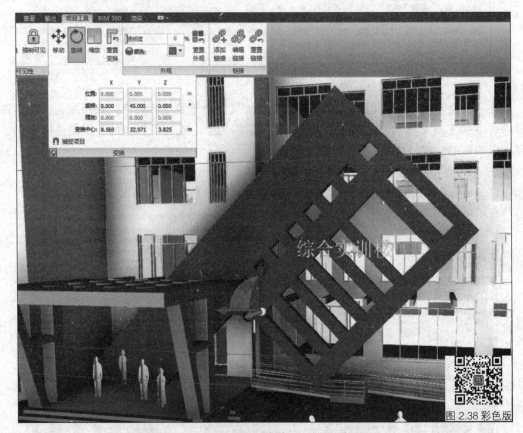

图 2.38　旋转 45°

除上述调整参数的方法，也可以使用手动旋转的方法，具体操作如下。

（1）如图 2.39 所示，单击"变换"面板左下方"捕捉项目"工具 ，以启用该选项。

（2）设置"捕捉"角度：按 F12 键打开全局选项的"选项编辑器"；如图 2.40 所示，切换至"界面"→"捕捉"选项，设置"角度"为 45.000，设置"角度灵敏度"为 5.000。

图 2.39　启用"捕捉项目"选项 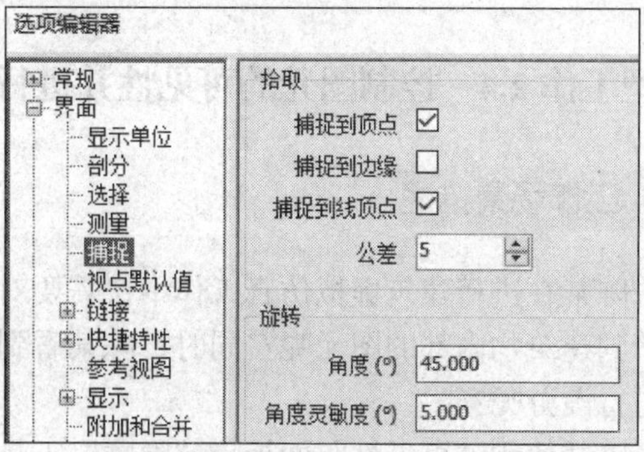　　　　　图 2.40　"捕捉"设置

> **注意**
>
> "角度"选项用于设置 Navisworks 的捕捉角度值,"角度灵敏度"选项用于控制 Navisworks 中捕捉至该角度的增量。当"角度灵敏度"设置为图 2.40 中所示的 5.000 时,在执行旋转变换操作中,若旋转的角度为 40°~50°,Navisworks 都将保持该图元在旋转 45° 位置。

(3)如图 2.41 所示,按住 Y 方向旋转图标并移动鼠标,可实现图元的旋转。在旋转过程中"变换"面板将显示选择的角度值。在接近 45° 时旋转角度会锁定为 45°。

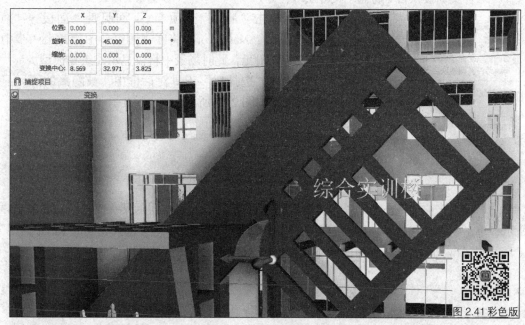

图 2.41　旋转 45°

(4)选择完成后,单击"变换"面板→"重置变换"工具,将放弃对所选图元的变换操作,图元将恢复至初始状态。

典型工作 2.4　控制图元的可见性并进行图元持定

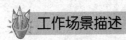工作场景描述

陈某在进行建筑虚拟仿真工作中，需要对建筑物内部的图元进行查看和操作。如何直观看到建筑物内部的图元呢？同时，陈某看到场景文件中有汽车模型，能否以这辆车的视角进行漫游呢？

陈某使用"可见性"面板→"隐藏"工具，对建筑物外围的图元进行隐藏。使用"持定"功能对汽车模型进行"持定"，便可以这辆车的视角进行漫游。

任务解决

1. 可见性控制

在浏览场景时，为显示被其他图元遮挡的对象，用户常需要对视图中的图元进行隐藏、显示等操作。选择模型对象后，用户可以对图元进行隐藏、取消隐藏、颜色替代等操作。

下面通过练习，学习如何在 Navisworks 中控制图元的可见性。

（1）打开"工作任务 2\综合实训楼项目 - 合并完成 .nwd"场景文件。

（2）在"选择树"工具对话框中单击"综合实训楼项目 - 场地 .nwd"，Navisworks 将选择"综合实训楼项目 - 场地"文件层级。

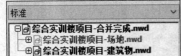

图 2.42　隐藏的图元显示为灰色

（3）单击"常用"选项卡→"可见性"面板→"隐藏"工具 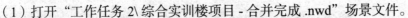，Navisworks 将在视图窗口中隐藏上一步中选择的所有图元，此时场景中将仅显示建筑物模型。

（4）在"选择树"工具对话框中，被隐藏的图元显示为灰色，如图 2.42 所示。

> 提示
>
> 再次单击"隐藏"工具，将取消上一步中的图元隐藏操作。

（5）确认当前选择精度设置为"最高层级的对象"，选择二层的某一面外墙。如图 2.43 所示，单击"选择和搜索"面板→"选择相同对象"下拉菜单→"选择相同的 Revit 类型"工具，Navisworks 将选择与当前墙体具有相同 Revit 类型的所有墙体并高亮显示。

> 提示
>
> "选择相同对象"下拉菜单所显示的内容会随所选构件的不同而不同。

（6）单击切换至"项目工具"上下文选项卡；单击"外观"面板中"颜色"下拉菜单，修改当前构件的外观颜色为红色；修改"透明度"值为 60%，即所选择构件具有 60% 的透明度，如图 2.44 所示。

图 2.43 "选择相同的 Revit 类型"工具

图 2.44 修改颜色和透明度

（7）完成后按 Esc 键退出当前选择集，观察修改后的图元。

> **提示**
>
> 外观替代对应的是"着色"样式，因此只能在"着色"样式下看到外观替代后的效果。

（8）保存该视点，命名为"外墙外观替代"。

（9）如图 2.45 所示，右击"外墙外观替代"视点，勾选"保存的属性"选项组中的"隐藏项目/强制项目"和"替代外观"复选框，这样视图中的隐藏、颜色和透明度等替代状态就会随视点一并保存。

（10）选择第（6）步中外观替代的墙体。

（11）单击"项目工具"选项卡→"观察"面板→"关注项目"工具，Navisworks 将自动调整视图，使所选图元位于视图的中心，以利于观察；单击"缩放"工具，将适当缩放视图，以清晰显示选择集中的所有图元。

（12）单击"外观"面板→"重置外观"工具，对重置图元的外观作替代设置。

（13）保存该视点，命名为"重置外观"。再次右击视点，勾选"保存的属性"选项组中的"隐藏项目/强制项目"和"替代材质"复选框，这样重置外观后的样子将会随视点保存。完成的文件见"工作任务 2\外墙外观替代完成 .nwd"。

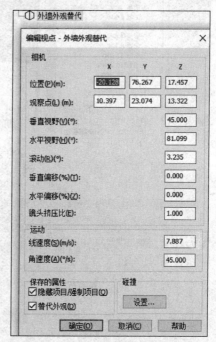

图 2.45 勾选"隐藏项目/强制项目"和"替代材质"复选框

（14）单击"可见性"面板→"隐藏"工具，可将墙体在视图中隐藏。该工具的功能与"常用"选项卡中的"隐藏"功能相同。

（15）单击"常用"选项卡→"可见性"面板→"取消隐藏所有对象"下拉菜单→

图 2.46 "显示全部"工具

"显示全部"工具,如图 2.46 所示,Navisworks 将重新显示所有已被隐藏的图元。

至此,图元的可见性控制操作完成。在 Navisworks 中,隐藏和替代图元对象的操作较为简单。隐藏图元可以将不需要显示在场景视图中的图元隐藏;替代图元可以方便展示当前场景中需要突出显示的对象,如结构降板区域、结构标高变化区域的构件通过替代图元进行突出展示。

小贴士

除隐藏图元,Navisworks 还提供了"强制可见"选项。激活该选项后,强制可见的项目在"选择树"中将显示为红色,如图 2.47 所示。在刷新视图时,Navisworks 将保证强制可见的图元优先显示。在处理特别大型的场景时,用户可以配合使用"强制可见"选项,快速、优先显示主体图元。

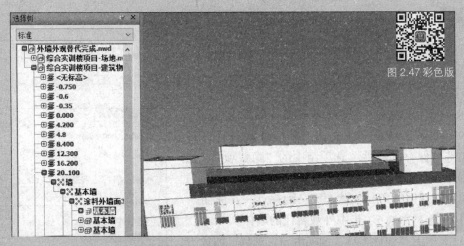

图 2.47 强制可见后的墙体

单击"常用"选项卡→"可见性"面板→"取消隐藏所有选项"下拉菜单→"取消强制所有项目"选项,取消所有已强制显示的图元。

若要取消某个指定图元的隐藏或强制状态,可以在"选择树"中右击指定的图元,在弹出的快捷菜单中(见图 2.48),选择"隐藏"或"强制可见"选项,即可对图元进行隐藏或强制可见操作。当再次选择"隐藏"或"强制可见"选项时,Navisworks 将取消该图元的隐藏或强制可见状态。

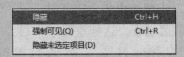

图 2.48 右键后显示的可见性工具

若要灵活地对一组图元进行显示或隐藏控制,用户还可以通过图元的"集合"对其进行管理,在工作任务 5 中将重点介绍集合的管理方法。

2. 图元持定

Navisworks 图元"持定"工具，可将所选图元与当前相机位置保持链接。使用该功能可以在 Navisworks 中模拟设备的运输路径，判断在设备运输途径中可能存在的障碍。下面通过行车路线模拟练习，学习如何利用 Navisworks 中图元"持定"功能模拟汽车的行走路线。

图元持定

（1）打开"工作任务 2\图元持定.nwd"场景文件，切换至已经保存的"图元持定"视点位置，该视点显示了与汽车尾部方向对齐的视点位置。

（2）使用选择工具，展开"选择和搜索"面板，确认当前选取精度为"最高层级的对象"；单击该视点中的汽车图元，注意"选择树"工具对话框中当前选择的层级为对象组。

（3）切换至"项目工具"上下文选项卡，单击"持定"面板中的"持定"工具，激活该工具，如图 2.49 所示。该选项将激活当前所选择图元与相机位置的链接关系。

（4）单击"视点"选项卡→"导航"面板→"漫游"工具，进入漫游浏览模式；确认勾选"真实效果"中的"碰撞"和"重力"复选框。在场景视图中，沿水平方向向前对场景进行漫游，注意当漫游行走时，所选汽车图元将随视点位置的移动而移动，用于模拟真实场景中的汽车行走情况。

（5）切换至"项目工具"上下文选项卡，单击"持定"面板→"持定"工具，取消持定状态。再次在场景中进行漫游操作，注意此时所选汽车图元将不再随视点位置的变化而变化。

（6）如图 2.50 所示，单击"项目工具"上下文选项卡→"变换"面板→"重置变换"工具，Navisworks 将自动恢复汽车图元至初始位置。

图 2.49 "持定"工具

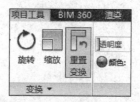

图 2.50 重置变换

（7）单击"保存的视点"面板中已经保存的"动画"视点，选择场景区域的汽车，再单击"持定"工具，使汽车图元处于持定状态。

（8）单击"动画"选项卡→"保存、载入和回放"面板→"播放"工具，Navisworks 将播放已保存的动画。注意，由于汽车图元已经与当前动画集中各视点设置了"持定"关系，因此汽车会随动画集中视点位置的变化而变化。

至此，图元的"持定"操作完成。完成的文件见"工作任务 2\图元持定完成.nwd"。

"持定"工具可以使所选图元随视点位置的变化而变化。事实上，设置图元的持定状态后，无论使用何种视图浏览和查看工具，图元都将随视图的变化而变化。在实际工程项目的设备吊装、行车路线模拟等应用中，用户可以利用图元持定的特性来模拟设备的安装运输空间是否足够、行车路线是否合理等。

> **注意**
>
> 当图元随视点移动后、通过"保存的视点"工具对话框切换视点时,持定的图元将不再与所选择的视点保持持定状态,且图元将位于上一次查看视点的位置。若要恢复图元的原始位置,可单击"重置变换"工具将其还原。

思想提升

我国建筑业发展势头迅猛,使用建筑虚拟仿真技术的工程总体量、规模以及技术的先进性已经位于世界前列,工程建设者们正在坚定不移走中国特色社会主义道路,实现民族复兴中国梦。青岛胶东国际机场的建筑虚拟仿真技术应用如下。

青岛胶东国际机场(Qingdao Jiaodong International Airport),位于中国山东省青岛市胶州市胶东街道,为4F级国际机场,面向日韩的门户机场,国家"十二五"重点规划建设的区域性枢纽机场。机场占地 $16.25km^2$,航站楼(T1)建筑面积47.8万 m^2,建筑高度42.15m,地下二层、地上四层。

如图 2.51 所示,该项目建立了专项的建筑虚拟仿真结构模型、建筑模型、钢结构模型、机电模型、金属屋面模型等,在钢结构、定型圆柱木模、钢筋等方面大量采用建筑虚拟仿真参数化深化设计(见图 2.52),提高了工程质量及效率。

图 2.51 青岛胶东新机场 BIM 项目

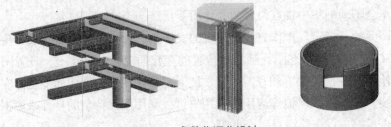

图 2.52 参数化深化设计

如图2.53所示,使用Navisworks软件进行施工进度模拟,针对现场实际的施工流水实时指导施工组织,对不同施工阶段的平面布置进行实时检查与更新,实行动态管控,细化总平面布置,提高现场管理能力。

图2.53 BIM施工平面管控

通过场地平面布置,加强现场管控;通过"互联网+"技术将建筑虚拟仿真模型信息与施工管理、技术信息相连通,为建筑虚拟仿真技术应用搭建良好平台。同时,大力拓展建筑虚拟仿真的信息属性范畴,通过二次开发产品的接入,将工程模型放在互联网,将项目信息与工程模型相结合,极大地提高了项目信息交互及时性、文档完整性和真实性。

工作总结

Navisworks界面包括若干"选项卡",每个"选项卡"中的"面板"和"面板"上的"工具",以及场景区域、"项目工具"上下文选项卡等。可以自定义界面的显示形式。

在Navisworks中,环境设置分为两大类,分别是文件选项和全局选项。文件选项是指包含在某一个Navisworks文件(NWF和NWD文件)中一些属性设置;全局选项是指Navisworks软件本身运行时所包含的相关设置,其不随文件本身传递。

通过鼠标滚轮可以进行模型浏览。通过"项目"面板中的"附加"工具,可对多个模型进行整合。

Navisworks无法创建新的模型,只能通过"替代项目"或"项目工具"对模型的颜色、透明度、显示样式以及位置和大小进行编辑和修改。

单击"常用"选项卡→"可见性"面板→"隐藏"工具,可对图元进行隐藏。

选择某个图元,单击"项目工具"上下文选项卡→"持定"工具,可激活当前所选图元与相机位置的链接关系,在漫游和播放动画中保持持定关系。

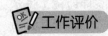 工作评价

工作评价表

序号	评 分 项 目	分值/分	评 价 内 容	自评	互评	教师评分	客户评分
1	设置与浏览 Navisworks 模型	25	1. 自定义 Navisworks 界面，7分 2. 设置全局选项与文件选项，10分 3. 改变背景颜色，视图平移、缩放、旋转，8分				
2	将多个模型整合成一个模型	20	1. 模型整合，13分 2. 模型查看，7分				
3	修改模型的外观和位置	30	1. 修改模型颜色，8分 2. 修改模型位置，15分 3. 修改模型透明度，7分				
4	控制图元的可见性并进行图元持定	25	1 可见性控制，10分 2. 图元持定，10分				
	总 分						

工作任务 3　创建、编辑与剖分视点

工作任务书

项　目	具　体　内　容
岗位标准	1.《建筑信息模型技术员国家职业技能标准》(2021 年版)，职业编码：4-04-05-04 2. "1+X" 建筑信息模型（BIM）职业技能等级标准
技术标准	《建筑信息模型应用统一标准》(GB/T 51212—2016)、《建筑信息模型施工应用标准》(GB/T 51235—2017)、《建筑信息模型设计交付标准》(GB/T 51301—2018)
技术要求	创建西北角轴测图视点，导出视点文件 分别在 9.2m 高度处和北侧入口处墙面进行视点剖分 将三楼单独剖分 将西南角楼梯间单独剖分
工作任务	典型工作 3.1　创建与编辑视点 典型工作 3.2　剖分视点
交付内容	西北角视图完成 .nwd 西北角视点保存完成 .xml 多面剖分完成 .nwd 楼梯间适应选择剖分完成 .nwd
工作成图 (参考图)	 

工作任务3
工作文件

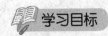 学习目标

1. 知识目标
- 掌握视点编辑的方式方法,包括视点创建、相机设置、视点更新和视点导入与导出。
- 掌握视点剖分的方式方法,包括剖分的启用、剖分的设置、多面剖分的方法和长方体剖分。

2. 能力目标
- 能够创建西北角轴测图视点,导出视点文件,再次打开场景文件后能够导入该试点文件。
- 能够在指定高度处进行视点剖分。
- 能够在指定面上进行视点剖分。
- 能够做两个面之间的视点剖分。
- 能够对楼梯间进行视点剖分。

典型工作 3.1 创建与编辑视点

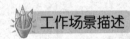 工作场景描述

BIM 工程师陈某接到一项工作任务,要求他制作几张 Navisworks 场景图片,这些图片会插入 BIM 评奖 PPT 中,辅助 BIM 评奖工作。

陈某采用"创建视点"的方式将合适的视点视图保存在 Navisworks 软件中。导出调好的视点文件,并将这个视点文件放到未保存视点的 Navisworks 中直接查看。

任务解决

创建与编辑视点

1. 创建视点
1)视点的创建
(1)打开"工作任务 3\综合实训楼项目 .nwd"。
(2)单击"查看"选项卡→"显示轴网"工具,确保"显示轴网"处于关闭状态,如图 3.1 所示。
(3)如图 3.2 所示,单击屏幕右上方的 ViewCube 图标,选择视图"后""左""上"三个面的交点,场景视图模型切换为西北角轴测视角状态,如图 3.3 所示。

图 3.1 "显示轴网"处于关闭状态　　图 3.2 单击 ViewCube 右上角点

图 3.3 西北角轴测视角

（4）单击"视点"选项卡→"保存、载入和回放"面板→"保存视点"工具，如图 3.4 所示。在场景区域将出现"保存的视点"固定窗口，并出现保存下来的视点名称，默认视点名称为"视图"。

也可以在场景空白区域右击，选择"视点"→"保存的视点"→"保存视点"选项，如图 3.5 所示，对视点进行保存。

图 3.4 "保存视点"工具

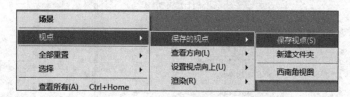

图 3.5 右击并选择"保存视点"选项

2）视点的重命名

在保存的视图名称上右击，选择"重命名"选项，将其重命名为"西北角视图"，如图 3.6 所示。完成的文件见"工作任务 3\西北角视图完成 .nwd"。

3）视点的获取

单击"保存视点"面板中的视点名称，即可回到相应的视点位置。

2. 设置相机

在"视点"选项卡→"相机"面板中进行相机设置，如图 3.7 所示。

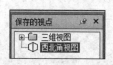

图 3.6 重命名视点

图 3.7 "相机"面板

正视、透视的切换：展开"透视"下拉菜单，可将视图切换成"正视"或"透视"状态。

视野的调节：修改"视野"数值，可调节视野大小。

对齐相机：展开"对齐相机"下拉菜单，可以选择 X、Y、Z 等对齐方向。该选项多用在相机倾斜时，以摆正视角、恢复正常。

3．更新视点

当保存过某个视点之后，通过调整又发现另外一个角度可能更合适。这时如果想把这个角度保存到之前的那个视点名称上，可以如下操作。

在"保存的视点"面板中选中想替换的视点名称，右击，选择"更新"选项，如图 3.8 所示。

4．视点的导出与导入

1）视点导出

可以将创建的视点位置导出为外部文件，在其他文件中进行导入。具体操作步骤如下。

（1）打开"工作任务 3\ 西北角视图完成 .nwd"。

（2）在"保存的视点"对话框中右击，选择"导出视点"选项（见图 3.9），或者单击"输出"选项卡→"导出数据"面板→"视点"工具（见图 3.10），将导出的视点文件命名为"西北角视点保存完成"，会生成"西北角视点保存完成 .xml"文件。

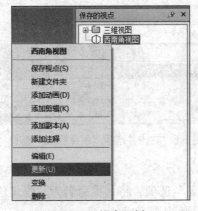

图 3.8　视点更新

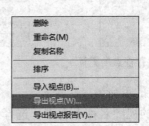

图 3.9　导出视点

图 3.10　视点的导出

> 提示
>
> XML 文件只包含位置信息、不包含任何模型数据，所以文件很小，传输也很方便。

2)视点导入

打开"工作任务 3\综合实训楼项目 .nwd",在"保存的视点"对话框的空白区域右击,选择"导入视点"选项,如图 3.11 所示。选择以上导出的文件"西北角视点保存完成 .xml",此时"保存的视点"对话框中将导入相应视点。

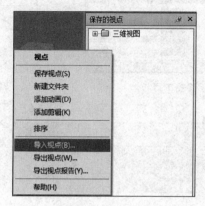

图 3.11 导入视点

典型工作 3.2 剖分视点

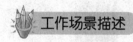 工作场景描述

BIM 工程师陈某接到一项工作任务,要求他查看建筑物内部的设计情况,指出设计缺陷。

陈某采用"视点剖分"的方式对建筑物进行剖分,该方式能够清晰地查看到建筑物的内部情况。

剖分视点

任务解决

1. 启用剖分

(1)打开"工作任务 3\综合实训楼项目 .nwd"。

(2)单击"视点"选项卡→"剖分"面板→"启用剖分"工具,如图 3.12 所示,此时会切换到"剖分工具"上下文选项卡。

图 3.12 启用剖分

2. 定面剖分

(1)设置顶部剖分,并移动剖分面。如图 3.13 所示,单击"剖分工具"上下文选项卡→"平面设置"面板→"对齐"下拉菜单,选择"顶部"选项;单击"变换"面板→"移动"工具,将出现剖分面和移动箭头,拖曳箭头可移动剖分面。

（2）以在高度为9.2m处进行剖分为例，具体操作步骤如下。如图3.14所示，确保剖切模式为"平面"，仅"平面1"被激活，"对齐"方式为"顶部"。如图3.15所示，单击"移动"工具，再单击"变换"，将Z值改为"9.2"，按Enter键。

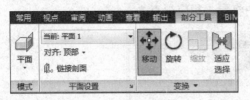
图3.13　移动工具

图3.14　剖分设置

小贴士

"对齐"下拉菜单中有"顶部""底部""前部""后面""左侧""右侧"等剖切方向。如图3.16所示。

图3.15　剖分"Z值"的修改

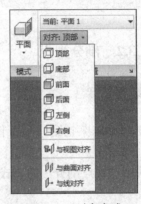
图3.16　对齐方式

3. 与曲面对齐剖分

以北侧入口处墙面为剖分面为例（见图3.17），具体操作步骤如下。

（1）利用缩放、平移、旋转等操作，将视图定位到北侧入口处。

（2）单击"剖分工具"上下文选项卡→"变换"面板→"移动"工具。

（3）"对齐"方式设置为"与曲面对齐"。

（4）单击北侧入口处墙面，即可实现以北侧入口处墙面为剖分面的目的。剖分后的显示效果如图3.18所示。

4. 多面剖分

以单独剖分三楼为例，具体操作步骤如下。

（1）如图3.19所示，单击"剖分工具"选项卡→"变换"面板→"移动"工具。

（2）激活平面1，设置"对齐"方式为"顶部"，设置Z值为12.300。

（3）如图3.20所示，激活平面2。

（4）如图3.21所示，单击"平面2"切换到平面2，设置"对齐"方式为"底部"，设置Z值为8.400。此时三楼单独显示，如图3.22所示。

工作任务 3　创建、编辑与剖分视点 | 49

图 3.17　单击北侧入口处墙面进行定面剖分

图 3.18　剖分后的显示效果

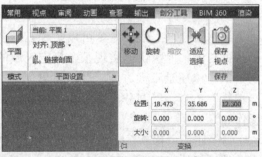

图 3.19　设置 Z 值

图 3.20　激活平面 2

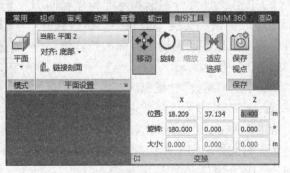

图 3.21　设置平面 2 的 Z 值

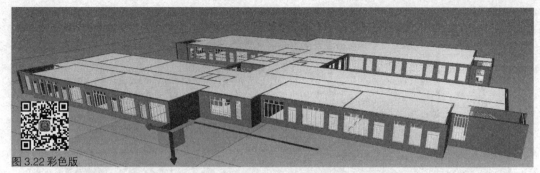

图3.22 彩色版

图3.22 多面剖分后的显示

完成的文件见"工作任务3\多面剖分完成.nwd"。

5. 链接剖分

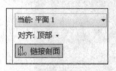

图3.23 链接剖面

若激活"平面设置"面板上的"链接剖面",如图3.23所示,那么之前设置的平面1与平面2之间4.2m的间距尺寸就可以保存下来,即此时无论移动平面1或者平面2,它们都会同时以固定间距4.2m的层高进行剖切移动。

6. 长方体剖分

1)启用长方体剖分

(1)单击"模式"面板→"长方体"工具,将"平面"切换成"长方体"。此时,模型被立方体的六个面进行了三维剖切。

(2)单击"变换"面板上的"移动""旋转"和"缩放"命令,可分别对这个六面的剖切框进行位置、角度以及剖切范围大小的调整。

2)"适应选择"剖分

虽然通过以上变换命令可以实现三维多面剖切的功能,但想快速实现某个指定区域的剖切框的定位还是不太方便,此时可以使用"适应选择"工具,以剖分出东北角楼梯间。具体操作如下。

(1)使用"移动"工具移动剖切面,使西南角楼梯间的四面墙体可见,如图3.24所示。

(2)按住Ctrl键分别选择东北角楼梯间的四面墙体,单击"变换"面板→"适应选择"工具,将形成以这四面墙为界面的长方体剖分框,如图3.25所示。

(3)单击"缩放",拖曳出现的缩放图标的"上"箭头,对长方体剖分框进行高度缩放,使东北角楼梯间完全可见,如图3.26所示。

完成的文件见"工作任务3\楼梯间适应选择剖分完成.nwd"。

图3.24 使西南角楼梯间的四面墙体可见

图 3.25　形成以这四面墙为界面的长方体剖分框　　图 3.26　拖曳向上箭头使东侧楼梯完全可见

 思想提升

港珠澳大桥彰显中国奋斗精神

伶仃洋上"作画",大海深处"穿针"。历时 9 年建设,全长 55km,集桥、岛、隧于一体的港珠澳大桥横空出世。汇众智,聚众力,数以万计建设者百折不挠、不懈奋斗,用心血和汗水浇筑成了横跨三地的"海上长城"。

从早期设想到最终落成,港珠澳大桥的建设过程,正是中国国力不断向上攀升的过程。从中国高铁迈入 350km/h,到中国大飞机"三兄弟"蓝天聚首;从神舟九号"上九天捞月",到蛟龙号"下五洋捉鳖",十年之间,中国在航空、铁路、桥梁等领域不断取得重大成果。港珠澳大桥正是中国经济、科技、教育、装备、技术、工艺方法发展到一定程度并集成式创新的结果。

港珠澳大桥是中国特色社会主义制度优越性的集中体现。由 33 节巨型沉管组成的沉管隧道是目前世界最长的海底深埋沉管隧道,在深达 40m 的水下,每一次沉管对接犹如"海底穿针"。受基槽异常回淤影响,E15 节在安装过程中经历三次浮运两次返航。紧要关头,广东省政府果断下令在附近水域采取临时性停止采砂的措施,为大桥建设保驾护航,彰显了中国集中力量办大事的制度优势性。

十几年来,中国建设者以"走钢丝"的慎重和专注,经受了无数没有先例的考验,交出了出乎国内外专家预料的答卷。追求卓越、力求完美,将港珠澳大桥打造成世纪工程、景观地标的共同追求,成就了港珠澳大桥这个中国桥梁界的丰碑和旗帜。

逢山开路、遇水架桥,这是一个国家的奋斗精神。施工水域每天有 4000 艘船只航行,台风、大雾、强对流天气致使每年有效作业时间只有 200 天左右。面对防洪、防风、海事、航空限高等各种复杂建设难题,全国各地的建设精英们夙兴夜寐,顺境不骄、逆境不馁,以"功成必定有我"的责任感、自豪感,竖起中国桥梁的高峰,再度刷新了世人对中国工程的印象。

港珠澳大桥是科技工程,也是人心工程,再好的方案和技术最终都需要人去完成。大桥每一个节点的进展、每一次攻关、每一次创新,都蕴含着可经受历史考验的中国工匠精神。差之毫厘,谬之千里。在高温、高湿、高盐的环境下,一线建筑工人舍身忘我,以"每一次都是第一次"的初衷,焊牢每一条缝隙,拧紧每一颗螺丝,筑平每一寸混凝土路面,在日复一日、年复一年的劳作中,将大桥平地拔起。正是他们的默默付出,让港珠澳大桥从图纸变成了实体。

中国人对桥情有独钟,它连接着过去与未来,向更远处延伸。中国已经开启"交通强国"新征程,中国桥梁人恰逢其时,奇迹将继续在神州大地上演!

工作总结

"视点"是模型特定角度的"快照"。单击"视点"选项卡→"保存、载入和回放"面板→"保存视点",可以保存视点;在"视点"选项卡→"相机"面板中可以进行相机设置;右击视点名称,可以对视点进行"更新";在"保存的视点"窗口的空白区域右击,可以对保存的视点进行导出和导入。

单击"视点"选项卡→"剖分"面板中的"启用剖分"选项,在"剖分工具"上下文选项卡中可以设置剖分面、对齐方式,以及进行定面剖分、多面剖分、长方体剖分。

工作评价

工作评价表

序号	评分项目	分值	评价内容	自评	互评	教师评分	客户评分
1	创建与编辑视点	40	1. 创建视点,10分 2. 设置相机,10分 3. 更新视点,10分 4. 视点导出与导入,10分				
2	剖分视点	60	1. 启用剖分,10分 2. 定面剖分,15分 3. 与曲面对齐剖分,10分 4. 多面剖分,15分 5. 长方体剖分,10分				
	总分						

工作任务 4　进行漫游展示与图元查看

工作任务书

项　目	具　体　内　容
岗位标准	1.《建筑信息模型技术员国家职业技能标准》(2021 年版)，职业编码：4-04-05-04 2."1+X"建筑信息模型（BIM）职业技能等级标准
技术标准	《建筑信息模型应用统一标准》(GB/T 51212—2016)、《建筑信息模型施工应用标准》(GB/T 51235—2017)、《建筑信息模型设计交付标准》(GB/T 51301—2018)
技术要求	调出"第三人"进行漫游，在漫游时要求看到轴线以及"第三人"所在的楼层位置 更换"第三人"为女性和外部车辆模型文件 测量一层柱子高度、窗户的周长、角度等，并进行云线标注与文字注释 查看外墙完整的图元特性信息；当光标停到外墙上时，能够显示出主要的特性信息
工作任务	典型工作 4.1　漫游 典型工作 4.2　编辑视点 典型工作 4.3　审阅批注 典型工作 4.4　显示图元属性
交付内容	漫游完成 .nwd 编辑当前视点完成 .nwd 引入外部模型作为第三人完成 .nwd 窗户面积测量批注完成 .nwd 云线和文本批注完成 .nwd 标记注释完成 .nwd
工作成图 （参考图）	

工作任务4 工作文件

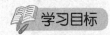 学习目标

1. 知识目标
- 掌握漫游的操作技巧，以及当前视点的编辑方法，引入外部模型作为"第三人"的方式方法。
- 掌握审阅批注、标记注释的方式方法。
- 掌握显示图元特性的方式方法。

2. 能力目标
- 能够调出"第三人"在场景文件中漫游。
- 能够将"第三人"更换为女性和外部车辆模型文件。
- 能够在场景文件中进行长度测量、角度测量、周长测量等，并进行云线标注与文字注释。
- 能够在场景文件查看图元的完整特性信息，并且通过设置能够查看图元的快捷特性信息。

典型工作 4.1 漫游

漫游

工作场景描述

BIM 工程师陈某需要向客户展示模型成果，是否有一种方法能让人身临其境观看模型呢？

陈某打开了软件中的"第三人"，让这个"第三人"在模型中走动，即使用"漫游"方式对 BIM 模型进行浏览展示。

任务解决

1. "漫游"操作

"漫游"是在模型中用类似于行走的方式进行移动。

"飞行"是以飞行模拟器的方式在模型中移动的模式。"飞行"移动行为对操作者的手感要求较高，需要用到的机会也不多，所以本典型工作只介绍"漫游"模式。具体操作步骤如下。

（1）打开"综合实训楼项目 .nwd"。

（2）单击"视点"选项卡→"导航"面板→"漫游"工具（见图 4.1），或者单击导航栏中的"漫游"按钮 （见图 4.2）。

> **提示**
>
> "漫游"的快捷键为 Ctrl+2。

（3）单击"真实效果"下拉菜单→"第三人"（见图 4.3），会出现"第三人"，效果如图 4.4 所示。

工作任务4　进行漫游展示与图元查看 | 55

图 4.1　工具面板中的"漫游"工具

图 4.2　导航栏中的"漫游"工具

图 4.3　漫游的四种真实效果

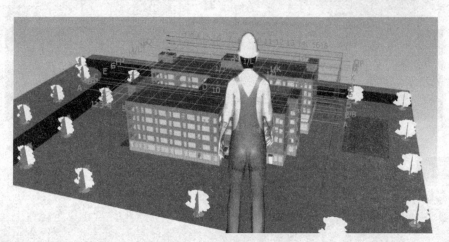

图 4.4　真实效果的开启

> **小贴士**
>
> 　　单击"漫游"工具后，有"碰撞""重力""蹲伏"以及"第三人"四种真实效果。
> 　　（1）"碰撞"。打开此功能后，"第三人"在漫游过程中遇到障碍物时会被阻挡，无法通过。在障碍物比较低，且"重力"开关被打开的情况下，可以产生一个向上爬的行为结果，如爬上楼梯或随地形走动。
> 　　（2）"重力"。此功能会模拟在真实世界环境中，当前视角的观察者会受到重力作用。当打开"重力"时，会同时打开"碰撞"。
> 　　（3）"蹲伏"。在观察者遇到障碍物时，会运用蹲下这个运作来尝试通过此区域。此功能是配合"碰撞"一起使用的。

（4）"第三人"。启用后，会在当前观察者正前方看到一个人或物的实体角色，而且当这个实体角色与"碰撞""重力"以及"蹲伏"一起使用时，会更加真实地表现出这些物理效果。该实体角色还可以自定义其尺寸、外形和视角角度的位置。

（4）按住鼠标左键不放，并推动鼠标朝前方进行移动。这样，视角角度就会按照鼠标移动的方向进行一定速度的漫游了。

（5）当"第三人"漫游至建筑场地上方时，打开"真实效果"中的"碰撞"和"重力"。

（6）继续向前漫游，由于"重力"的打开，"第三人"将逐渐下落至建筑场地上。继续操纵鼠标进行漫游，完成"第三人"视角观察模型的工作任务，如图4.5所示。

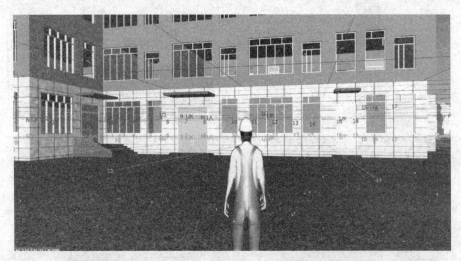

图4.5 打开"重力"后"第三人"降落至建筑场地

小贴士

鼠标推动的力度决定移动的速度，所以要适当把握力度进行漫游。

当"重力"打开时，在行走的过程中，因为重力的作用，当前视角会向下掉，直到找到一个水平支撑面（如场地或楼板）来支撑这个视角的观察者，所以在漫游的过程中，需要视角一直处于这个水平支撑面上，否则当前视角会一直往下掉，无法回到之前的正常视角下。因此，在漫游的时候，应该尽量在需要重点观察的区域保存当前视点。这样，就可以随时切换到之前观察过的区域，也避免因为失去重力支撑面而导致之前的视角丢失。

（7）在漫游过程中，除通过鼠标左右移动控制运动方向，还可以通过鼠标中轴滚轮的滚动来改变当前视角的仰角，实现抬头或低头的效果。

（8）如果遇到障碍物无法通过，可以关闭"碰撞"功能。

（9）可以通过键盘上的上、下、左、右四个方向键来代替鼠标实现漫游。对于鼠标操控得不太好的人来说，初期练习用方向键可能会更简单些，但运动效果会相对比较生硬。因此，就流畅性来说，还是建议用鼠标操控漫游，对于后期演示或观察更加有利。

2. 漫游导航辅助

如果漫游在一个比较大的项目内部，很多时候会发现不知道走到哪了，失去了方向感，此时可以打开导航辅助。

（1）如图 4.6 所示，单击"查看"选项卡→"导航辅助工具"面板→HUD 下拉菜单，勾选"XYZ 轴""轴网位置"复选框。

（2）如图 4.7 所示，单击"查看"选项卡→"导航辅助工具"面板→"参考视图"下拉菜单，勾选"平面视图""剖面视图"复选框。

图 4.6　勾选"XYZ 轴"和"轴网位置"复选框　　图 4.7　勾选"平面视图"和"剖面视图"复选框

这样，会出现平面和剖面的预览窗口，然后在预览窗口中可以看到一个白色的箭头，在漫游行走的时候会同步跟着移动，这个箭头的指向代表视点的朝向和行走方向，如图 4.8 所示。

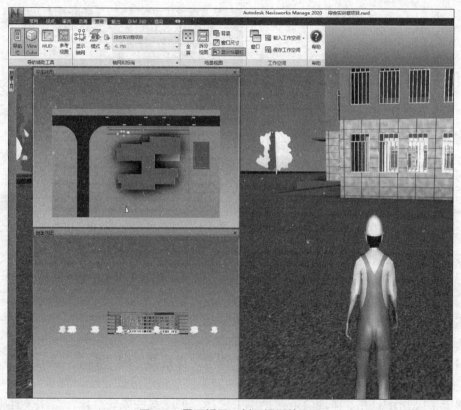

图 4.8　平面视图、剖面视图的显示

完成的文件见"工作任务 4\漫游完成 .nwd"。

典型工作 4.2　编辑视点

工作场景描述

编辑视点

公司领导对陈某将"第三人"放入场景中的漫游感到很新奇和满意，但同时也提出了漫游时转弯的速度过快，并提出能否将"第三人"更换成一名女性或者一辆汽车，让车辆在场景中漫游。

陈某通过编辑当前视点的方式调整"第三人"的转动速度，通过更换"第三人"和引入外部文件的方式，将"第三人"更换成一名女性以及一辆汽车。

任务解决

1. 编辑当前视点

（1）打开"工作任务 4\ 漫游完成 .nwd"，执行"漫游"命令，并激活"第三人"。

（2）单击"视点"选项卡→"保存、载入和回放"面板→"编辑当前视点"工具 ，如图 4.9 所示；或者在场景视图中的空白区域右击，选择"视点"→"编辑当前视点"选项，如图 4.10 所示。

图 4.9　"编辑当前视点"工具

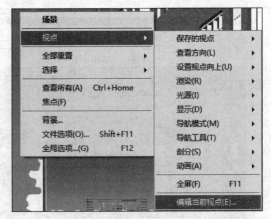

图 4.10　右击并选择"编辑当前视点"选项

（3）在弹出的"编辑视点"对话框中，可以调节"相机"的"位置""观察点""垂直视野"和"水平视野"等属性，以及"运动"的"线速度""角速度"属性，也可以对"碰撞"进行设置。

如图 4.11 所示，更改"线速度"为 3、"角速度"为 25，单击"碰撞"选项组中的"设置"按钮，弹出"碰撞"对话框。

（4）在弹出的"碰撞"对话框中，可以调节"观察器"的"半径""高度"等属性，以及"第三人"属性。

如图 4.12 所示，在"体现"下拉菜单中选择"工地女性戴安全帽"选项，且将"距离"改为 2.000，单击"确定"按钮，效果如图 4.13 所示。

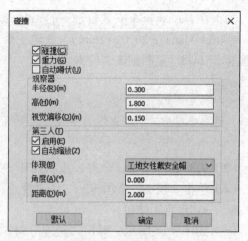

图 4.11 视点编辑　　　　　　　　图 4.12 第三人更换

图 4.13 更换"第三人"后的效果

完成的文件见"工作任务 4\编辑当前视点完成 .nwd"。

> **小贴士**
>
> 系统自带的"第三人"包括一些人物造型和非人物造型，一般有如下作用。
>
> 1. 人物造型
>
> 人物造型用来模拟碰撞行为。例如，可以观察某设备层检修通道是否可以让正常人通过。如果不能站着通过，那么蹲着是否能通过等，以此来判断是否满足设计要求、相关技术指标和范围等。
>
> 2. 非人物造型
>
> 如球体、立方体等造型。这些角色主要是用来判断一些碰撞行为，如指定尺寸的模型在特定空间内（如地下室）是否可以满足净空要求。

2. 引入外部模型作为"第三人"

以引入"混凝土搅拌车.rfa"模型文件作为"第三人"为例,具体操作步骤如下。

(1) 用 Navisworks 软件打开"工作任务 4\ 混凝土搅拌车.rfa",导出 NWC 文件,并另存为 NWD 文件。

(2) 在 Navisworks 安装目录下的 avatars 文件夹中(一般为 C:\Program Files\Autodesk\Navisworks Manage 2020\avatars),新建一个文件夹,命名为"混凝土搅拌车",将"混凝土搅拌车.nwd"复制到该文件夹。

> **提示**
>
> 软件中出现的"第三人"名称与新建文件夹的名称相同,与 NWD 文件的名称无关。

(3) 关闭 Navisworks 软件,重新打开"工作任务 4\ 编辑当前视点完成.nwd"。

(4) 单击"视点"选项卡→"编辑视点"工具,在弹出的"编辑视点"对话框中单击"碰撞"→"设置"按钮。

(5) 如图 4.14 所示,弹出"碰撞"对话框后,展开"第三人"选项组中"体现"选项的下拉菜单,可以看到新出现的"混凝土搅拌车"。选择"混凝土搅拌车"选项,单击"确定"按钮并退出。

这时会看到新出现的混凝土搅拌车"第三人",如图 4.15 所示。但是,此时的"第三人"为倒立状态,需要对它的原始模型进行改正再重新导入。

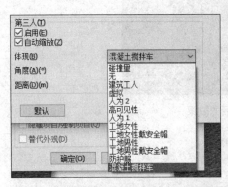

图 4.14 选择"混凝土搅拌车"选项　　　图 4.15 出现的第三人为倒立状态

(6) 双击打开 avatars 文件中的"混凝土搅拌车.nwd",确保选择精度为"将选取精度设置为文件",选择混凝土搅拌车模型。

(7) 如图 4.16 所示,单击"项目工具"上下文选项卡→"变换"面板→"旋转"工具,单击"变换"展开"变换"面板,修改"旋转"的 X 值为 −90,按 Enter 键,此时混凝土搅拌车绕 X 轴旋转 90°(即在 YZ 平面内旋转 90°)。

(8) 如图 4.17 所示,再次单击模型,执行"旋转"命令,将"旋转"的 Y 值改为 180,按 Enter 键。

工作任务4 进行漫游展示与图元查看 | 61

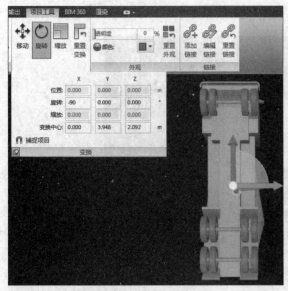

图 4.16 X 值旋转

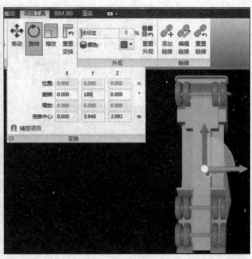

图 4.17 Y 值旋转

（9）将"混凝土搅拌车.nwd"文件保存并退出。

（10）重新打开"工作任务4\编辑当前视点完成.nwd"，重新载入混凝土搅拌车"第三人"，这时会看到混凝土搅拌车模型方位正确，如图4.18所示。但是，"第三人"的大小仍需要调整。

（11）选择"编辑当前视点"命令，单击"碰撞"对话框中的"设置"按钮，修改"半径"为2.000，"高度"为4.200，"距离"为6.500（见图4.19），单击"确定"按钮。

图 4.18 混凝土搅拌车模型

图 4.19 碰撞设置

修改完成的混凝土搅拌车"第三人",如图4.20所示。

图4.20 修改完成后的"第三人"

> 提示
>
> 3ds Max、Inventor等软件也可以导出NWC格式文件,再用Navisworks另存为NWD格式,可用于"第三人"。

完成的文件见"工作任务4\引入外部模型作为第三人完成.nwd"。

典型工作4.3 审阅批注

审阅批注

工作场景描述

BIM工程师陈某打开模型文件后,他的一项重要任务是对模型进行审查,包括对模型进行距离测量、角度测量等,并在相应位置画云线进行批注,或者用文字进行注释。

陈某使用"审阅"选项卡中的命令进行测量和批注,并对相应视点进行保存。

任务解决

Navisworks的"审阅"选项卡中包括"测量""红线批注""标记"和"注释"面板。

1. "审阅批注"全局选项设置

具体操作步骤如下。

(1)打开"工作任务4\审阅批注.nwd",打开Navisworks的"选项编辑器"对话框(快捷键为F12)。

(2)在"界面"→"测量"中有相关测量参数,确认其相关参数是否为图4.21所示的状态。其中,三维是指测量出来的测量线在空间中会被三维实体遮挡,通常情况下很少会用到此功能,这里不选;由于需要在视图中看到测量出来的相关数值,因此需要勾选"在场景视图中显示测量值"复选框;"使用中心线"常用在测量管线之间的距离时,可以通过此开关切换管线中心线之间的距离和管线表面之间的净距离。

(3)"界面"→"捕捉"中的相关参数如图4.22所示,确保所有捕捉点被打开。

工作任务4　进行漫游展示与图元查看 | 63

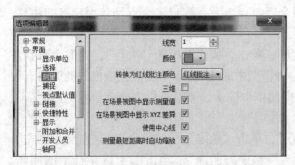

图 4.21　"界面"→"测量"中的相关参数

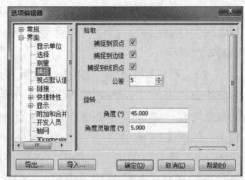

图 4.22　"界面"→"捕捉"中的相关参数

2. 测量

测量命令包括点到点、点到多点、点直线、累加、角度和区域，并可以对测量方向或面进行锁定，具体操作步骤如下。

（1）选择"保存的视点"对话框中的"审阅批注视点"，如图 4.23 所示。

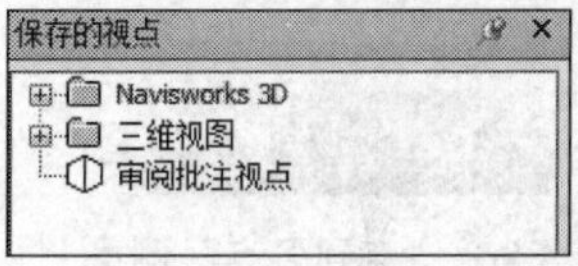

（2）"点到点"测量。如图 4.24 所示，单击"审阅"选项卡→"测量"下拉菜单→"点到点"工具。依次单击一层柱子的上边缘点和下边缘点，显示测量数据为 4.650m。

图 4.23　选择"审阅批注注视点"

（3）"方向"的锁定。如图 4.25 所示，单击"点到点"工具，单击"锁定"下拉菜单→"Z轴"，即将测量方向约束到 Z 轴的方向。依次单击二楼楼板和地面，显示测量数据为 4.470m。

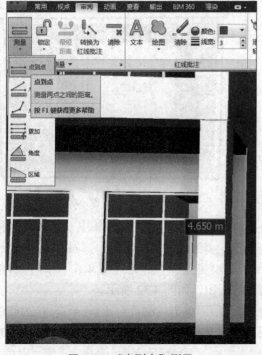

图 4.24　"点到点"测量

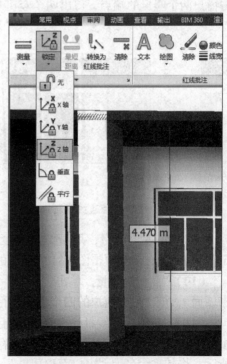

图 4.25　锁定 Z 测量

（4）"点到多点"测量。单击"点到多点"工具，单击"锁定"下拉菜单→"无"。单击墙面上任意点进行测量。该命令是从一个固定点出发，测量多个点到该固定点的距离，如图 4.26 所示。

（5）"平行"的锁定。单击"点到多点"，单击"锁定"中的"平行"，这时会看到左下角状态栏提示"若要使用'锁定'，请单击模型中的曲面"。单击一楼墙面，此时所有测量命令均在一楼墙面所处的平面内执行。即便单击柱子，测量点仍为该点所对应的墙面上的点，如图 4.27 所示。

（6）"垂直"的锁定。单击"点到多点"，单击"锁定"→"垂直"，这时会看到左下角状态栏提示"若要使用'锁定'，请单击模型中的曲面"。单击图 4.28 中柱子的侧面，此时所有测量命令均在柱子的侧面（即与墙面垂直所处的面）执行。在墙面上单击一点，在柱子外表面单击一点，显示距离为 2.080m。

 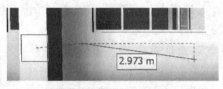 

图 4.26 "点到多点"测量　　图 4.27 "平行"的锁定　　图 4.28 "垂直"的锁定

（7）"点直线"测量，用于测量周长。单击"点直线"工具，依次单击窗户四个角点，并回到第一个角点，此时窗户周长显示为 10.200m，如图 4.29 所示。建议在单击角点之前，执行"平行"锁定，锁定到墙面。

（8）"累加"测量，用于测量不连续点的边界长度之和。单击"累加"工具，依次单击窗户两个竖梃的端点，得出两个竖梃长度之和，如图 4.30 所示。

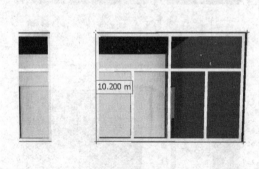 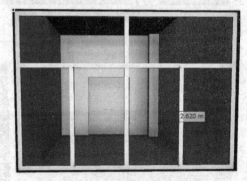

图 4.29 "点直线"测量　　　　　　图 4.30 "累加"测量

（9）"角度"测量，用于测量坡度或转角的角度值。单击"角度"工具，单击"锁定"→"无"，依次单击图 4.31 中柱子的三个角点，得到角度为 90.000°，如图 4.31 所示。

（10）"面积"测量。单击"面积"工具，单击"锁定"→"无"（或单击"平行"，单击墙面），依次单击窗户的四个角点，得到窗户的面积，如图 4.32 所示。

（11）"转换为红线批注"工具。得到窗户面积后，单击"测量"面板→"转换为红线批注"工具，如图 4.33 所示。在"保存的视点"对话框中会出现保存的视点，如图 4.34 所示，将其重命名为"窗户面积测量"。

图 4.31 "角度"测量

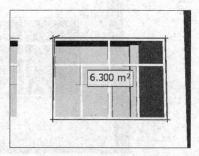

图 4.32 "区域"测量

图 4.33 转换为红线批注

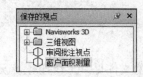

图 4.34 自动视点保存

完成的文件见"工作任务 4\ 窗户面积测量批注完成 .nwd"。

3. 红线批注

单击"审阅"选项卡→"红线批注"面板→"文本"和"绘图"工具,可以在场景区域输入文字、绘制问题区域;单击"清除",可以对批注进行删除;单击"颜色""线宽",可以对批注线进行编辑。具体操作步骤如下。

(1)打开"工作任务 4\ 窗户面积测量批注完成 .nwd",单击"窗户面积测量"视点。

(2)如图 4.35 所示,单击"审阅"选项卡→"红线批注"面板→"绘图"下拉菜单→"云线"工具。

(3)在视图中的左扇窗户处绘制云线,如图 4.36 所示。

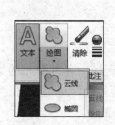

图 4.35 "云线"工具

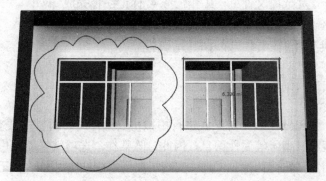

图 4.36 绘制云线

(4)单击"审阅"选项卡→"红线批注"面板→"文本"工具,在左侧窗户右上方单击,输入标注文字"窗户面积:6.300m^2";在左侧窗户下方单击,输入文字"该窗户修改为 C2",如图 4.37 所示。

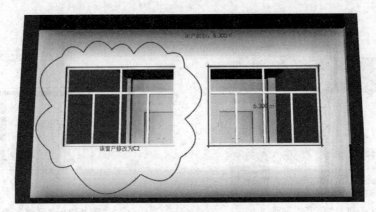

图 4.37 "审阅批注"完成

> 提示
> 创建的云线和文本会自动保存到"窗户面积测量"视点中。

完成的文件见"工作任务 4\云线和文本批注完成 .nwd"。

4. 添加标记

假设此视点有较多的问题,若把所有的文字都书写到场景区域,会使视点描述杂乱,可以使用"添加标记"来进行问题的说明。具体操作步骤如下。

(1)打开"工作任务 4\云线和文本批注完成 nwd"。
(2)单击"审阅"选项卡→"标记"面板→"添加标记"工具。
(3)在右侧窗户下方单击,会在场景区域出现"1"的标记,同时弹出"添加注释"对话框。
(4)在"添加注释"对话框中输入"窗户长 3m,宽 2.1m",单击"确定"按钮。
(5)单击"审阅"选项卡→"注释"面板→"查看注释"工具,会看到已经添加的注释。

完成的文件见"工作任务 4\标记注释完成 .nwd"。

典型工作 4.4 显示图元属性

显示图元属性

工作场景描述

BIM 工程师陈某在进行虚拟仿真操作时,时常需要查看场景区域中各种图元的类型、规格、型号等属性信息。因此,陈某在"选项编辑器"中对"快捷特性"进行设置,然后启用"快捷特性"工具,实现了在场景区域实时显示图元特性的目的。

任务解决

1. 详细图元属性信息显示

Navisworks 在导入场景数据时,除导入三维几何模型图元,还将导入该图元对应的属性。例如，对于项目中的墙体，在 Navisworks 中选择该墙体时能查询到该墙体的名称、类型、材质、源文件、层、ID、顶部约束、长度、底部约束、顶部偏移等信息。

（1）打开"工作任务 4\ 编辑当前视点完成 .nwd"。

（2）在场景区域选择一面外墙，单击"常用"选项卡→"显示"面板→"特性"工具（见图 4.38），弹出"特性"对话框。

（3）如图 4.39 所示，在"特性"对话框中，根据图元的不同特性、类别，将图元的特性组织为不同的选项卡。例如，在"元素"选项卡中，显示所选择图元的元素类别的特性，元素类别的特性类似于 Revit 中图元的实例属性，该选项卡中记录了图元所在的"类别""体积""顶部约束""底部约束"等信息。可以看出，Navisworks 继承了 Revit 中 BIM 模型的相关属性信息。

图 4.38 单击"特性"工具

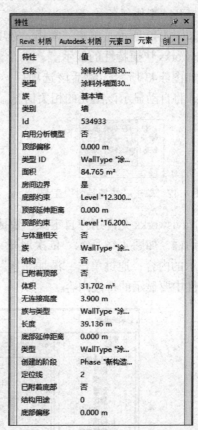

图 4.39 "特性"对话框

（4）在 Navisworks 中导入 Revit 创建的 BIM 项目文件，在选择图元对象时，不同的选取精度决定不同的特性。如图 4.40 和图 4.41 所示，分别为选取精度为"最高层级的对象"和"几何图形"时"特性"对话框中显示的内容。可见，由于选取精度不同，不同级别的对象图元所具备的特性信息也不相同。

在使用导入的 Revit 项目文件时，大多数情况下，选取精度设置为"最高层级的对象"和"几何图形"，在视图窗口中看到的图元选择状态相同，但显示的特性信息完全不同，因此在使用时应特别注意。

图 4.40 选取精度为"最高层级的对象"的"特性"显示

图 4.41 选取精度为"几何图形"的"特性"显示

2. 快捷图元特性信息显示

除使用对话框查询场景中图元的特性信息，Navisworks 还提供了"快捷特性"功能，用于快速显示当前图元构件的指定信息。

（1）打开"工作任务 4\编辑当前视点完成 .nwd"。

（2）如图 4.42 所示，单击"常用"选项卡→"显示"面板→"快捷特性"工具，可以激活 Navisworks 快捷特性的显示。

（3）如图 4.43 所示，激活该选项后，当鼠标指针移动至图元对象上并稍做停留时，Navisworks 将自动显示该图元的相关信息。

图 4.42 单击"快捷特性"工具

图 4.43 自动显示图元的"快捷特性"

（4）Navisworks 允许用户自定义"快捷特性"显示的内容。按 F12 键，打开"选项编辑器"对话框，如图 4.44 所示。依次展开"界面"→"快捷特性"→"定义"选项，可以定义要显示的内容；通过单击"添加元素"按钮 ⊕ 和"删除元素"按钮 ⊗，可增加或删除快捷特性中要显示的特性内容。

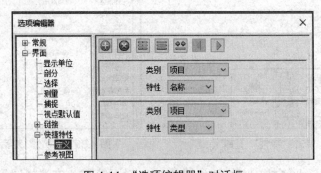

图 4.44 "选项编辑器"对话框

> **注意**
>
> 每添加一个新的显示特性时，应分别指定其所属类别选项卡及字段名称。Navisworks 在特性"类别"中将显示场景所有图元的可用特性"类别"选项卡，要注意所设置"类别"的通用性，以确保快捷特性内容的正确显示。

（5）在定义快捷特性的"选项编辑器"对话框中，用户还可以通过单击如图4.45所示的"轴网视图" 、"列表视图" 、"记录视图" 工具，在不同的视图显示方式中进行切换。

（6）切换至"快捷特性"选项，如图4.46所示。在右侧的选项设置中设置是否启用"显示快捷特性"，并设置在显示快捷特性时，是否在弹出的快捷特性面板中显示特性所在类别。

图4.45　"轴网视图""列表视图""记录视图"工具

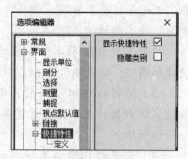

图4.46　快捷特性设置

思想提升

住房和城乡建设部《建筑业10项新技术》（2017版）中的第10项新技术为"信息化技术"，其中"基于BIM的现场施工管理信息技术"内容如下。

基于BIM的现场施工管理信息技术是指利用BIM技术，并借助移动互联网技术实现施工现场可视化、虚拟化的协同管理。在施工阶段结合施工工艺及现场管理需求对设计阶段施工图模型进行信息添加、更新和完善，以得到满足施工需求的施工模型。依托标准化项目管理流程，结合移动应用技术，通过基于施工模型的深化设计，以及场布、施组、进度、材料、设备、质量、安全、竣工验收等管理应用，实现施工现场信息高效传递和实时共享，提高施工管理水平。

1. 技术内容

（1）深化设计：基于施工BIM，结合施工操作规范与施工工艺，进行建筑、结构、机电设备等专业的综合碰撞检查，解决各专业碰撞问题，完成施工优化设计，完善施工模型，提升施工各专业的合理性、准确性和可校核性。

（2）场布管理：基于施工BIM，对施工各阶段的场地地形、既有设施、周边环境、施工区域、临时道路及设施、加工区域、材料堆场、临水临电、施工机械、安全文明施工设施等进行规划布置和分析优化，以实现场地布置科学合理。

（3）施组管理：基于施工BIM，结合施工工序、工艺等要求，进行施工过程的可视化模拟，并对方案进行分析和优化，提高方案审核的准确性，实现施工方案的可视化交底。

（4）进度管理：基于施工BIM，通过计划进度模型（可以通过Project等相关软件编制进度文件生成进度模型）和实际进度模型的动态链接，进行计划进度和实际进度的对比，找出差异，分析原因，BIM 4D进度管理直观地实现对项目进度的虚拟控制与优化。

（5）材料、设备管理：基于施工BIM，可动态分配各种施工资源和设备，输出相应的材料、设备需求信息，并与材料、设备实际消耗信息进行比对，实现施工过程中材料、设备的有效控制。

（6）质量、安全管理：基于施工BIM，对工程质量、安全关键控制点进行模拟仿真以及方案优化。利用移动设备对现场工程质量、安全进行检查与验收，实现质量、安全管理的动态跟踪与记录。

（7）竣工管理：基于施工BIM，将竣工验收信息添加到模型，并按照竣工要求进行修正，进而形成竣工BIM，作为竣工资料的重要参考依据。

2. 技术指标

（1）基于BIM技术，在设计模型的基础上，结合施工工艺及现场管理需求进行深化设计和调整，形成施工BIM，实现BIM在设计与施工阶段的无缝衔接。

（2）运用的BIM技术应具备可视化、可模拟、可协调等能力，实现施工模型与施工阶段实际数据的关联，进行建筑、结构、机电设备等各专业在施工阶段的综合碰撞检查、分析和模拟。

（3）采用的BIM施工现场管理平台应具备角色管控、分级授权、流程管理、数据管理、模型展示等功能。

（4）通过物联网技术自动采集施工现场实际进度的相关信息，实现与项目计划进度的虚拟比对。

（5）利用移动设备，可即时采集图片、视频信息，并能自动上传到BIM施工现场管理平台，责任人员在移动端即时得到整改通知、整改回复的提醒，实现质量管理任务在线分配、处理过程及时跟踪的闭环管理等的要求。

（6）运用BIM技术，实现危险源的可视标记、定位、查询分析。安全围栏、标识牌、遮拦网等需要进行安全防护和警示的地方在模型中进行标记，提醒现场施工人员安全施工。

（7）应具备与其他系统进行集成的能力。

3. 适用范围

适用于建筑工程项目施工阶段的深化、场布、施组、进度、材料、设备、质量、安全等业务管理环节的现场协同动态管理。

工作总结

单击"视点"选项卡→"导航"面板→"漫游"工具，可以执行"漫游"命令。漫游有"碰撞""重力""蹲伏""第三人"四种效果。可以对漫游的相机属性、运动属性及"第三人"等属性进行编辑，以调整漫游的线速度、角速度。可将"第三人"更换为"工地女性戴安全帽"等其他人物，也可以将引入的外部模型作为"第三人"。

审阅批注的方法包括点到点、点到多点、点直线、累加、角度和区域，可以对测量方向或面进行锁定，并进行红线批注和添加标记。

打开"特性"对话框，单击某个图元时能够显示该图元的详细特性信息。打开"快捷特性"，当光标停在某个图元上时，能够显示该图元的快捷特性信息；通过F12键打开"选项编辑器"对话框，能够设置快捷特性信息中要显示的内容。

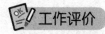

工作评价表

序号	评分项目	分值	评 价 内 容	自评	互评	教师评分	客户评分
1	漫游	25	1. 漫游操作，15 分 2. 漫游导航辅助，10 分				
2	编辑视点	25	1. 编辑当前视点，10 分 2. 将引入的外部模型文件作为"第三人"，15 分				
3	审阅批注	30	1. 全局选项设置，5 分 2. 测量，15 分 3. 红线批注，5 分 4. 添加标记，5 分				
4	显示图元属性	20	1. 详细显示图元属性信息，10 分 2. 显示图元的快捷特性信息，10 分				
	总　　分						

工作任务 5　创建与管理"集合"

工作任务书

项　目	具　体　内　容
岗位标准	1.《建筑信息模型技术员国家职业技能标准》(2021年版)，职业编码：4-04-05-04 2. "1+X"建筑信息模型（BIM）职业技能等级标准
技术标准	《建筑信息模型应用统一标准》(GB/T 51212—2016)、《建筑信息模型施工应用标准》(GB/T 51235—2017)、《建筑信息模型设计交付标准》(GB/T 51301—2018)
技术要求	分别创建"北入口东侧三扇窗""所有窗户""所有的C3226窗""F1层的C3226窗""F1层C3226窗和F2层C1321窗""不包含ID号为460343的F1层C3226窗和F2层C1321窗"六个集合 导出以上搜索集，并能够应用到其他场景文件。对"北入口东侧三扇窗"集合添加文字注释改为："该三扇窗类型更改为：组合窗-双层四列（两侧平开）-上部固定"。使用"选择检验器"对所选集合中的图元进行查看检验 创建"外观集合""材质集合""碰撞集合""可见性集合"，并通过"外观集合"对模型赋予颜色
工作任务	典型工作5.1　创建"集合" 典型工作5.2　管理"集合" 典型工作5.3　创建常用集合
交付内容	选择集完成.nwd 搜索集完成.nwd 搜索集导出.xml 集合注释完成.nwd "外观集合"完成.nwd 北入口东侧两扇窗快捷特性导出.csv 集合选择检验器完成.nwd 外观配置器设置.dat 外观集合颜色赋予完成.nwd
工作成图 （参考图）	 

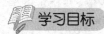 学习目标

1. 知识目标
- 掌握集合创建的方法，包括"选择集"和"搜索集"的创建方法。
- 掌握集合更新和集合传递的方法。
- 掌握不同集合的创建方法，包括"外观集""材质集合""碰撞集合"和"施工模拟集合"。
- 掌握使用"选择树"快捷创建集合的方法。

2. 能力目标
- 能够通过选择图元的方法创建选择集。
- 能够通过搜索图元特性的方法创建搜索集。
- 能够创建"北入口东侧三扇窗""所有窗户""所有的C3226窗""F1层的C3226窗""F1层C3226窗和F2层C1321窗""不包含ID号为460343的F1层C3226窗和F2层C1321窗"6个搜索集合。
- 能够导出搜索集，并能够应用到其他场景文件。对"北入口东侧三扇窗"集合添加文字注释"该三扇窗类型更改为：组合窗-双层四列（两侧平开）-上部固定"。
- 能够使用"选择检验器"对所选集合中的图元进行查看检验。
- 能够创建"外观集合""材质集合""碰撞集合""可见性集合"，并通过"外观集合"对模型赋予颜色。

典型工作 5.1　创建"集合"

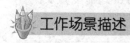 工作场景描述

BIM工程师陈某在做建筑虚拟仿真工作中，经常需要对某一类图元进行操作，这项工作的第一步就是选择该类图元。那么如何快速地选择这一类图元呢？选择后可以对这些图元进行保存以便在后面的工作中能够快速选取该类图元吗？

陈某使用"集合"中"选择集"的方法对所选图元进行保存，通过使用"特性""查找项目"工具创建"搜索集"，对某一特定属性的图元进行选择和保存。

创建"集合"

任务解决

在Navisworks中，"集合"是一个重要的功能，动画、渲染、碰撞检查和进度模拟等核心功能都是建立在集合的基础上。所以，集合可以说是Navisworks中最核心也是最基础的功能。集合创建与管理的好坏，会直接影响后期工作的各个方面。

集合的概念：具有某种特定性质的事物的总体。这里的"事物"是指Navisworks中具有某些特定性质的模型的总体。例如，在模型当中，所有混凝土的结构柱、直径40mm的以下的消防管道、所有家具、一层的照明设备等，诸如此类的具有某些共同特征的模型集合。

在 Navisworks 中创建集合有两种形式：①"选择集"，是通过手动选择一些指定的模型而形成的集合；②"搜索集"，是通过 Navisworks 中内置的查找工具，根据一些特定的规则形成的模型的集合。

1. 创建"选择集"

具体操作步骤如下。

（1）打开"综合实训楼项目 .nwd"。

（2）集合的打开。如图 5.1 所示，单击"常用"选项卡→"选择和搜索"面板→"集合"下拉菜单，选择"管理集"工具（快捷键为 Shift+F2），打开集合。

（3）在创建选择集之前，需要先将选择精度设为"最高层级对象"。如图 5.2 所示，单击"常用"选项卡→"选择和搜索"面板下拉菜单，选择"选取精度：最高层级对象"。

 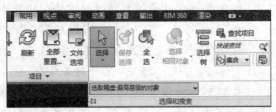

图 5.1　打开集合　　　　　　　　　　　图 5.2　选择精度"最高层级的对象"

（4）创建"选择集"有两种方法：第一种方法是选择相应构件，拖曳到集合面板；第二种是选择相应构件，在集合面板中右击，对选择进行保存。以创建北入口东侧三扇窗的集合为例，操作方法如下。

第一种方法：确保光标处于选择状态（即"常用"选项卡→"选择"工具处于被选择状态）。如图 5.3 所示，按住 Ctrl 键，加选北入口东侧三扇窗，然后将其拖曳至"集合"面板；右击生成的集合名称，将其重命名为"北入口东侧三扇窗"。

图 5.3　"拖曳"为选择集

第二种方法：如图 5.4 所示，按住 Ctrl 键，同时选择北入口东侧三扇窗，在"集合"对话框中右击，选择"保存选择"选项。

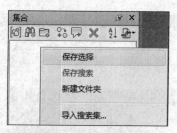

图 5.4　保存为选择集

完成的文件见"工作任务 5\ 选择集完成 .nwd"。

小贴士

在选择构件的时候，需要指定这些构件的选择精度。以北侧门为例，当精度为"最高层级的对象"时，单击门选择的是整个门图元；如图 5.5 所示，当勾选"将选取精度设置为几何图形"时，可以分别选择门框或门扇。图 5.6 所示为选择门框后的预览。

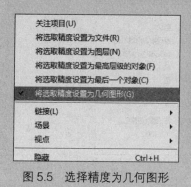
图 5.5　选择精度为几何图形

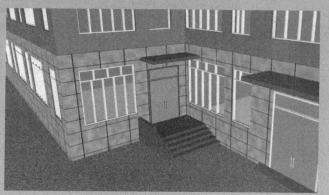
图 5.6　选择门框后的预览

2. 创建"搜索集"

搜索集是一种动态的模型集合，它保存的是一些搜索条件或项目特性，而不是一个选择结果。

例如，制订一个"标高为 F1 的所有结构柱"的搜索条件，如果模型有变化并重新更新 Navisworks 文件后，制定的这个搜索集会自动查找符合"标高为 F1 的所有结构柱"条件的构件，符合该条件的模型构件将会被更新到该搜索集。

1）选择所有窗户

（1）打开"工作任务 5\ 选择集完成 .nwd"。

（2）单击"常用"选项卡→"选择和搜索"面板→"管理集"和"查找项目"选项，如图 5.7 所示，然后单击"显示"面板→"特性"工具，如图 5.8 所示。

（3）将选择精度设置"最高层级的对象"，如图 5.9 所示。选择一扇窗，在"特性"对话框中看到其"项目"的"类型"值为"窗"。

图 5.7 打开"管理集"和"查找项目"

图 5.8 打开"特性"

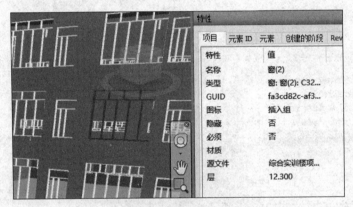

图 5.9 查看窗的特性

（4）如图 5.10 所示，在"查找项目"对话框中，确定"类别"为"项目"，"特性"为"类型"，"条件"为"="，"值"为"窗"，单击"查找全部"按钮。

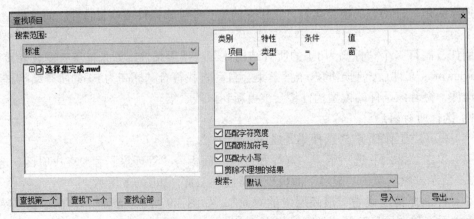

图 5.10 查找窗

（5）如图 5.11 所示，单击"集合"对话框中的第二个图标"保存搜索"，生成搜索集，修改该搜索集名称为"所有窗"。

> **注意**
>
> 搜索集的创建必须要单击"保存搜索"，生成的搜索集为"望远镜"图标。不能单击"保存选择"，否则会生成选择集。

2）选择所有的 C3226 窗

构件的名称位于"元素"的"名称"中，如图 5.12 所示。

图 5.11 "搜索集"的保存

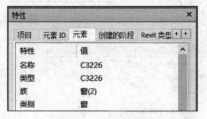

图 5.12 元素名称

（1）在"查找项目"对话框中，确定"类别"为"元素"，"特性"为"名称"，"条件"为"="，"值"为 C3226，单击"查找全部"按钮，如图 5.13 所示。

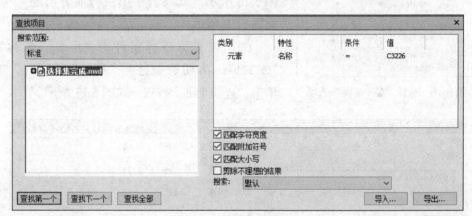

图 5.13 查找项目

（2）单击"集合"对话框中的"保存搜索"，生成搜索集，修改该搜索集名称为"所有 C3226 窗"。

3）选择 F1 层的 C3226 窗

选择一扇窗，在"特性"对话框→"项目"选项卡→"层"中查看构件所在楼层，如图 5.14 所示。

（1）在"查找项目"对话框中，设置"元素""名称""=""C3226"，并增设一行，设置"项目""层""=""F1"，单击"查找全部"按钮，如图 5.15 所示。

图 5.14 查看构件所在楼层

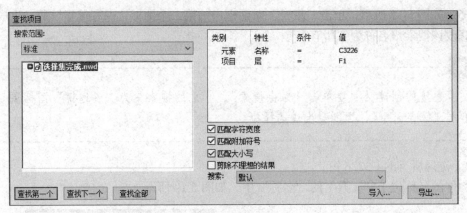

图 5.15 查找项目

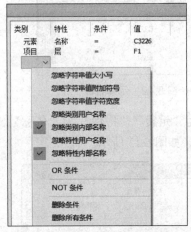

图 5.16 选择"OR 条件"选项

（2）单击"集合"对话框中的"保存搜索"，生成搜索集，修改该搜索集名称为"F1 层 C3226 窗"。

4）选择 F1 层 C3226 窗和 F2 层 C1321 窗

（1）在图 5.15 所示的"查找项目"对话框中，单击第三行，右击，选择"OR 条件"选项，如图 5.16 所示。此时会在第三行前方出现"+"号，如图 5.17 所示。

（2）设置第三行条件为"元素""名称""=""C1321"，第四行条件为"项目""层""=""F2"，单击"查找全部"按钮，如图 5.17 所示。

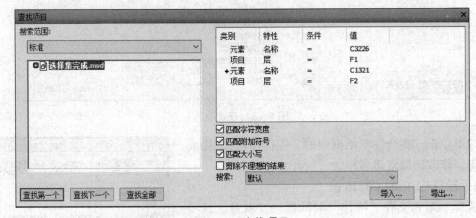

图 5.17 查找项目

（3）单击"集合"对话框中的"保存搜索"按钮，生成搜索集，修改该搜索集名称为"F1 层 C3226 窗和 F2 层 C1321 窗"。

5）选择不包含 ID 号为 460343 的 F1 层 C3226 窗和 F2 层 C1321 窗

搜索条件的查看：任意选择一扇窗，在"元素"→Id 中查看图元 ID 号，如图 5.18 所示。

（1）创建搜索集。在"查找项目"对话框中，选中第五行，右击，选择"NOT 条件"选项，如图 5.19 所示。此时会在第五行前方出现不包含的符号。增设第五行条件为"元素""ID""=""460343"，单击"查找全部"按钮。此时会发现，位于建筑物南侧二楼最右侧的窗户未被选中，如图 5.20 所示。

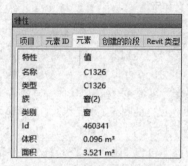

图 5.18　标记特性所处位置

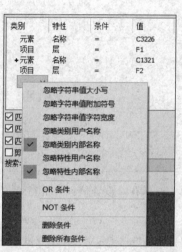

图 5.19　选择"NOT 条件"

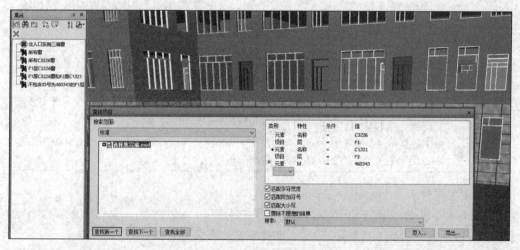

图 5.20　选择不包含的项目

（2）搜索集的创建。单击"集合"对话框中的"保存搜索"按钮，生成搜索集。修改该搜索集名称为"不包含 ID 号为 460343 的 F1 层 C3226 窗和 F2 层 C1321 窗"。

完成的文件见"工作任务 5\ 搜索集完成 .nwd"。

> **提示**
>
> Navisworks 中的构件特性均源于原始的 Revit 文件，因此在使用 Revit 创建模型之前，应根据模型的具体应用制订命名标准，以便在后期的 Navisworks 软件中进行相应的施工工艺模拟、施工方案模拟、施工组织模拟、渲染或工程量计算等操作。

小贴士

1. 搜索条件

如图 5.21 所示，搜索"条件"选项可设置为"=" "不等于" "包含" "通配符" "已定义" "未定义"。若"特性"为数值类型的特性名称，则还可以选择数学判断式"=" "不等于" "<" "<=" ">" ">="。这些搜索条件的含义和示例见表 5.1。

图 5.21 搜索条件

表 5.1 搜索条件的含义和示例

搜索条件	含 义	示 例
=	特性值完全匹配的图元	"系统分类" = "送风"：只匹配系统分类参数值为"送风"的图元
不等于	具有除设置值以外的特性值的图元	"系统分类"不等于"送风"：匹配系统分类参数值不为"送风"的图元（图元特性中必须包含系统分类特性字段）
包含	特性值中包含指定值或指定字符的图元	"系统分类"包含"风"：匹配系统分类参数值中包含"风"的所有图元
通配符	Navisworks 支持"?"和"*"两种通配符。"?"通配任意单个字符，"*"通配任意字符串	"类别"通配符"结构?"：匹配结构柱、结构墙，但不匹配结构框架；"类别"通配符"结构*"：匹配结构柱、结构墙、结构框架等
已定义	匹配特性中定义了该特性值的所有图元	"系统分类"已定义：匹配场景中所有含有系统分类特性参数的图元，如风管、水管、管件等未定义
未定义	匹配特性中不包含该特性值的所有图元	"系统分类"未定义：匹配场景中所有不含有系统分类特性参数的图元，如墙、门、窗等
数学运算符	数学运算符 =、不等于、<、<=、>、>=，用于数值类参数的条件判断	高度>=100：只匹配高度值大于或等于 100 的图元，忽略其他图元

2. 搜索逻辑

对于多条件的查找，Navisworks 提供了三种逻辑条件的组合方式，分别为 AND（且）、OR（或）、NOT（非）。不同的逻辑条件及含义见表 5.2。

表 5.2 不同的逻辑条件及含义

逻辑条件	含 义	示 例
AND	必须同时满足条件 1 与条件 2	"类型" = "楼板" and "厚度" = "100"：选择类型为"楼板"且厚度为"100"的图元
OR	满足条件 1 或条件 2 中的任意一个	"类型" = "结构柱" or "类型" = "结构框架"：选择类型为"结构柱"或"结构框架"的图元
NOT	满足条件 1 且不满足条件 2	"类型" = "楼板" not "厚度" > "100"：仅选择厚度小于或等于"100"的楼板图元

典型工作 5.2 管理"集合"

工作场景描述

由于甲方的设计变更,BIM 工程师陈某需要完成对集合的更新工作;所有工作集完成后,陈某考虑可否保存工作集的创建规则,以便在做下一个工程时直接拿来使用呢。

最终,陈某使用集合的"更新"命令完成了集合更新工作;使用集合的"导出"命令将集合创建规则导出,使用集合的"导入"命令将集合的创建规则导入其他工程中直接使用。

任务解决

1. 更新"集合"

如果发现创建的选择集或搜索集不符合要求或规则不完整,那就需要修改并更新。

(1)选择集的更新:对于选择集来讲,因为是手动选择创建的,所以如果要修改此集合,也需要在"集合"对话框中先选择这个集合,然后在当前视图中手动增加或减少相应构件。操作完成后,再在选择集上右击,选择"更新"选项,如图 5.22 所示。

(2)搜索集的更新:打开"集合"和"查找项目"对话框,在"集合"对话框中选择需要修改的搜索集,在"查找项目"对话框中可以查到之前设置的查找规则;修改查找规则后,再单击"查找全部"按钮,在搜索集名称上右击,选中快捷菜单中的"更新"选项。

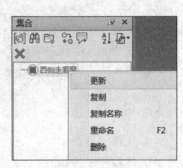

图 5.22 集合的更新

> **注意**
>
> "更新"操作一定要在单击"查找全部"按钮后,再在"集合"名称上右击进行更新;如果单击,将回到原来的集合,所以一定注意,"更新"操作一定是用鼠标右键,而不是用左键来选择。

2. 传递"集合"

集合传递也被称为集合共享,它是一个非常高效且实用的功能。如果在一个大项目中,有很多个子项,那么只需要在其中一个子项的 Navisworks 文件中建立起一套合适的选择集或搜索集,那么这套集合就可以被独立地保存下来,其他子项文件就不用再重新创建集合,可以很好地提高工作效率。具体操作步骤如下。

1)搜索集导出

(1)打开"工作任务 5\搜索集完成 .nwd"。

(2)如图 5.23 所示,在"集合"对话框中的空白区域右击,选择"导出搜索集"选项。

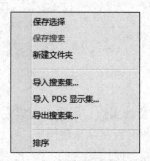

图 5.23 选择"导出搜索集"选项

（3）命名搜索集名称为"搜索集导出"，进行保存。这时软件会把此集合存成一个 XML 格式的文件。

完成的文件见"工作任务 5\ 搜索集导出 .xml"。

2）搜索集导入

（1）打开"综合实训楼项目 .nwd"。

（2）打开"集合"对话框，在其空白区域右击，选择"导入搜索集"选项，选择"工作任务 5\ 搜索集导出 .xml"，单击"确定"按钮。保存的搜索集将导入到场景文件。

> **提示**
>
> 虽然这个功能的名称是"导入搜索集"，实际上里面也包括了定制好的"选择集"。当然，集合的传递或共享，是有前提的，那就是需要有一套标准和规则。通俗一点，也就是规则的共用性。如果两个项目之间存在各种构件的命名方式不统一、材料说明不一致等情况，那么这两个项目的集合文件也就不通用，也没有共享的必要了。
>
> 所以，建模和设计的标准和规则需要统一和规范，如设计绘图的时候，墙体、结构柱、门窗、机电专业的管道的命名和分类，系统的划分，以及建模过程中墙体和结构柱等竖向构件需要分层建立等。这些行为都要形成一个统一的标准和规范，这样各个项目之间的集合传递才有意义。

3. 注释"集合"

具体操作步骤如下。

（1）打开"工作任务 5\ 搜索集完成 .nwd"。

（2）如图 5.24 所示，选择"集合"面板中的"北入口东侧三扇窗"集合。单击"集合"面板→"添加注释"工具，弹出"添加注释"对话框。

（3）可以在"添加注释"对话框中为当前的选择集输入注释信息，以方便其他人理解该选择集的意义。例如，输入"该三扇窗类型更改为：组合窗 - 双层四列（两侧平开）- 上部固定"，单击"确定"按钮完成添加注释操作，如图 5.25 所示。

图 5.24 添加注释

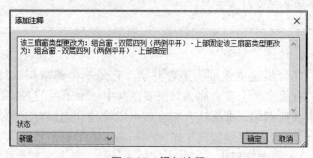

图 5.25 添加注释

（4）切换至"审阅"选项卡，单击"注释"面板→"查看注释"工具，如图 5.26 所示，打开"注释"对话框。

（5）在"注释"对话框中将注释修改为固定状态，如图5.27所示。

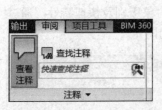

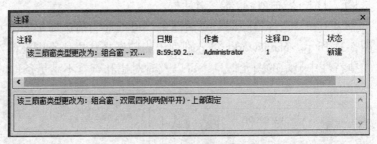

图5.26 "查看注释"工具　　　　　图5.27 展开注释

（6）在"注释"对话框中选择注释信息，右击，弹出图5.28所示的快捷菜单。通过"编辑注释"对注释信息进行修改，或使用"删除注释"将所选择的注释信息删除，或使用"添加注释"选项为选择集继续添加新的注释信息。

（7）如图5.29所示，注意在"编辑注释"对话框的底部提供了注释"状态"列表。Navisworks提供了"新建""活动""已核准""已解决"四种状态，用于对注释讨论意见的记录。在本操作中，修改该注释的状态为"已核准"，表示该注释的内容已经通过审批。单击"确定"按钮，完成该注释的编辑。

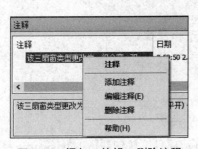

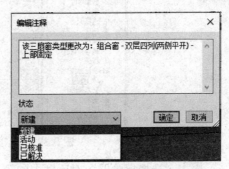

图5.28 添加、编辑、删除注释　　　　　图5.29 编辑注释的"状态"

完成的文件见"工作任务5\集合注释完成.nwd"。

> **提示**
>
> Navisworks在"集合"对话框中还提供了"新建文件夹"等相关的操作，用于对选择集进行进一步的分类和管理。配合注释功能，可以实现对项目内容的完整讨论、记录。Navisworks会自动记录添加注释的"作者"信息和注释的状态，用于跟踪讨论的结果。Navisworks会自动读取Windows当前用户名称，作为"作者"信息。

4. 选择检验器查看集合

Navisworks提供了"选择检验器"工具，可以根据设置的快捷特性对选择集中的图元进行特性查看。具体操作步骤如下。

（1）打开"工作任务5\集合注释完成.nwd"。

（2）在"集合"对话框中选择"北入口东侧三扇窗"集合。

（3）如图 5.30 所示，单击"常用"选项卡→"选择和搜索"面板→"选择检验器"工具，打开"选择检验器"对话框。

（4）在"选择检验器"对话框中，可以对当前选择集中图元的快捷信息进行查看。如图 5.31 所示，Navisworks 将分别列出当前选择集中所有图元的对象级别及快捷特性。通过快捷特性中显示的图元信息，可以及时对比和查看不满足条件的图元。

 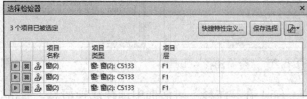

图 5.30 "选择检验器"工具　　　　　图 5.31 "选择检验器"对话框

（5）按 F12 键，打开"选项编辑器"对话框，如图 5.32 所示。在"界面"→"快捷特性"→"定义"中可以对快捷特性显示的项目进行增减。

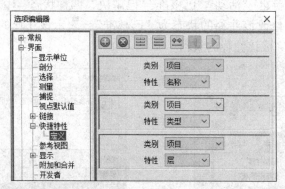

图 5.32 "选项编辑器"对话框

（6）单击"选择检验器"对话框中的第一列"显示项目"按钮，Navisworks 将自动缩放至该图元，可以方便用户详细查看该图元的位置和几何信息，如图 5.33 所示。

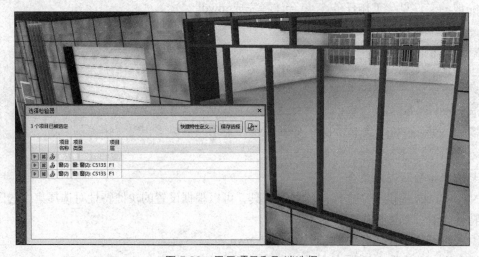

图 5.33 显示项目和取消选择

（7）单击第二列"取消选择"按钮，可以将不满足要求的图元从选择集中移除。此处取消选择第一行窗，如图5.34所示。

（8）完成选择检验后，单击右上方的"保存选择"按钮，可将当前选择以选择集的方式保存在"集合"对话框中，该集合命名为"北入口东侧两扇窗"，如图5.35所示。

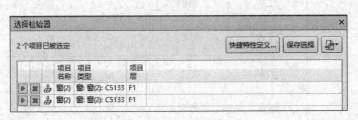

图 5.34　取消选择后的显示

图 5.35　集合保存

（9）单击"选择检验器"右上方的"导出"工具，可以将当前选择集各图元的快捷特性导出为CSV格式的文件，使用Microsoft Excel可查看CSV文件中相关列表信息。

导出的CSV文件见"工作任务5\北入口东侧两扇窗快捷特性导出.csv"。

完成的项目文件见"工作任务5\集合选择检验器完成.nwd"。

典型工作5.3　创建常用集合

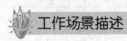

BIM工程师陈某已经做了诸多建筑虚拟仿真工程，他发现几乎每个工程都需要对建筑物的外观、材质等进行设置，并进行碰撞检测等，这些工作的第一步都是创建相应的集合。陈某考虑，能否创造一种规则，将集合创建这一步规范化呢？

最终，陈某制作了"外观集合""材质集合""碰撞集合"等，该集合均为搜索集，可以用于其他工程。

创建常用集合

任务解决

1. 创建"外观集合"并赋予颜色

1）创建"外观集合"

外观集合是为了快速修改模型外观而定制的集合。这里的外观其实指的是模型的颜色和透明度，它通常是和"外观配置器"一起来配合使用的。因为"外观配置器"具有使用创建的集合来管理模型外观的功能，所以要使用这个功能，一定要先创建好合适的外观集合。具体操作步骤如下。

（1）打开"工作任务5\综合实训楼项目.nwd"。

（2）创建集合：按照表5.3的查找条件，建立墙、门窗、楼板坡道等外观集合，如图5.36~图5.45所示。

表 5.3 “外观集合”查找条件

序号	集合名称	逻辑	类别	特性	条件	值
1	墙体（见图 5.36）	—	元素	类别	=	墙
2	门窗（见图 5.37）	—	元素	类别	=	门
		OR	元素	类别	=	窗
3	楼板（见图 5.38）	—	元素	类别	=	楼板
4	坡道（见图 5.39）	—	元素	类别	=	坡道
5	屋顶（见图 5.40）	—	元素	类别	=	屋顶
6	结构柱（见图 5.41）	—	元素	类别	=	结构柱
7	楼梯（见图 5.42）	—	元素	类别	=	梯段
		OR	元素	类别	=	平台
		OR	元素	类别	=	楼梯
8	模型文字（见图 5.43）	—	元素	族	=	模型文字
9	栏杆扶手（见图 5.44）	—	元素	类别	=	栏杆扶手
		OR	元素	类别	=	顶部扶栏
10	主入口雨棚天窗（见图 5.45）	—	元素	类别	=	幕墙嵌板

类别	特性	条件	值
元素	类别	=	墙

图 5.36　墙集合

类别	特性	条件	值
元素	类别	=	门
+元素	类别	=	窗

图 5.37　门窗集合

类别	特性	条件	值
元素	类别	=	楼板

图 5.38　楼板集合

类别	特性	条件	值
元素	类别	=	坡道

图 5.39　坡道集合

类别	特性	条件	值
元素	类别	=	屋顶

图 5.40　屋顶集合

类别	特性	条件	值
元素	类别	=	结构柱

图 5.41　结构柱集合

类别	特性	条件	值
元素	类别	=	梯段
+元素	类别	=	平台
+元素	类别	=	楼梯

图 5.42　楼梯集合

类别	特性	条件	值
元素	族	=	模型文字

图 5.43　模型文字集合

类别	特性	条件	值
元素	类别	=	栏杆扶手
+元素	类别	=	顶部扶栏

图 5.44　栏杆扶手

类别	特性	条件	值
元素	类别	=	幕墙嵌板

图 5.45　主入口雨棚天窗

> **提示**
>
> 若模型中有梁，梁的搜索条件是"元素类别＝结构框架"；若模型中有幕墙，幕墙的搜索条件是"元素类别＝幕墙嵌板"OR"元素类别＝幕墙竖梃"。

（3）在"集合"对话框中右击，单击"新建文件夹" 按钮，建立一个名为"外观"的文件夹，把刚才创建好的搜索集选中并拖曳到此目录中，如图5.46所示。

完成的文件见"工作任务5\外观集合完成.nwd"。

2）应用"外观集合"

外观集合，是为了快速修改模型外观而定制的集合。下面给集合赋予颜色，操作如下。

（1）单击"常用"选项卡→"工具"面板→Appearance Profiler（即外观配置器，见图5.47）。

图5.46 新建文件夹保存外观集　　　　图5.47 外观配置器

（2）如图5.48所示，在弹出的Appearance Profiler对话框中，切换"选择器"为"按集合"，选取"结构柱"集合，颜色设置为"深褐色"，透明度设置为"0"，单击"添加"按钮。

其他集合外观的设置方法同结构柱，设置的内容如图5.49所示。

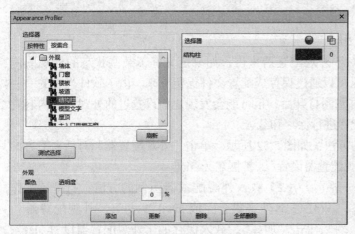

图5.48 结构柱赋予颜色和透明度　　　　图5.49 其他集合外观的设置

（3）设置完成后，单击右下方的"运行"按钮，即可把这些设置应用到模型上。
（4）关闭"外观配置器"对话框，模型显示效果如图 5.50 所示。

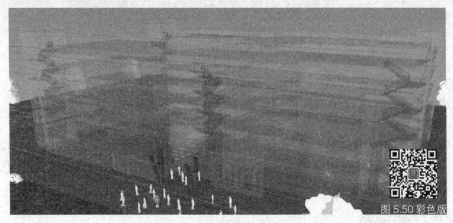

图 5.50 模型显示效果

> **小贴士**
>
> 若模型显示没有变化，那么就需要确认一下"视点"选项卡→"渲染样式"面板→"模式"是否为"着色"（见图 5.51）。 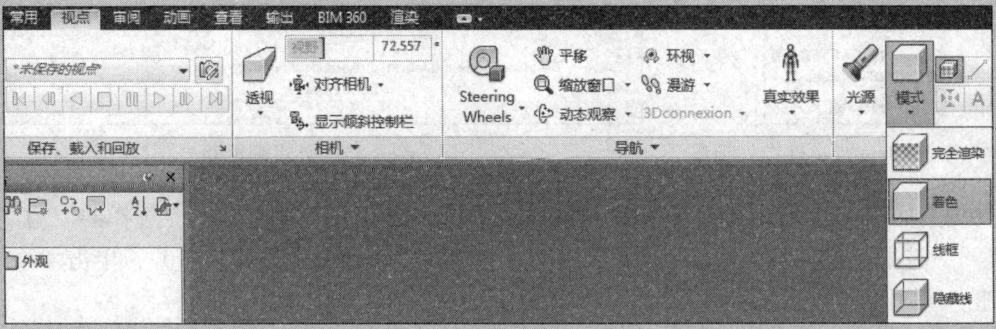
>
> 图 5.51 着色模式

3）保存和载入外观配置器图例

之前介绍过集合的传递，对于外观配置器来讲，如果定义好了某些状态的外观图例（颜色和透明度），这些图例也是可以通过保存成配置文件保留下来。由于软件当中的一些设计缺陷，当关闭 Navisworks 并重新打开后，很可能会发现之前设置过的外观配置内容发生丢失的现象，因此可以对该配置进行保存和载入。

（1）外观配置器图例保存的方法：如图 5.52 所示，单击"外观配置器"对话框下方的"保存"按钮，将其命名为"外观配置器设置"，扩展名为 .dat。

图 5.52 外观配置器图例保存

（2）载入外观配置器图例的方法：打开"工作任务 5\外观集合完成 .nwd"；打开"外观配置器"，单击"加载"，载入保存的"外观配置器设置 .dat"；单击"运行"按钮。

完成的文件见"工作任务 5\外观集合颜色赋予完成 .nwd"。

> **小贴士**
>
> 图 5.53 所示为机电专业按系统分类的颜色图例，图 5.54 所示为机电专业按细部分类的颜色图例。
>
>
>
> 图 5.53 机电专业按系统分类的颜色图例
>
>
>
> 图 5.54 机电专业按细部分类的颜色图例

2. 创建"材质集合"

材质集合是对模型的渲染材质（包括贴图、纹理、反射、折射、透明度等参数）进行设置的构件集合。在很多时候，材质集合针对的都不是这些构件的整体模型，而是其中的某一部分子构件，如之前创建的固定窗的窗框搜索集，整个项目中所有门窗的玻璃搜索集等。诸如此类的需要对某些构件的子构件进行材质划分的集合体,称为材质集合。

只有这些构件的子构件被选中的时候,才能对其局部材质进行设置。当然,在创建了构件材质搜索集的时候,最好在"集合"对话框中建立一些文件夹对其进行分类和汇总,如图5.55所示。

需要注意的是,对于Revit软件导出的Navisworks文件格式,能被选择出子构件的构件在Revit中需要注意以下细节。

(1)如果构件是独立族,那么子构件能被识别出来的必要条件除了各子构件之间是独立创建的,还有就是必须有独立的材质参数和材质。

以固定窗为例,在Revit族的编辑环境中,需要给这些不同的子构件以不同的材质和参数,这样才可以在Navisworks中被识别并选择出来。

(2)如果需要在Navisworks里给诸如墙体、楼板以及屋顶等具有复合构造层和做法的系统族设置材质,如分别对墙体的抹灰层、结构层进行材质设置,对墙体或楼板的某个区域进行材质设置。首先需要在Revit环境中使用零件功能把墙体、楼板或屋顶这些构件进行拆分,然后在导出Navisworks文件的时候,在导出设置里勾选"转换结构件"复选框,才能把这些拆分过的零件转换成独立构件传递出去,如图5.56所示。

图5.55 材质集合

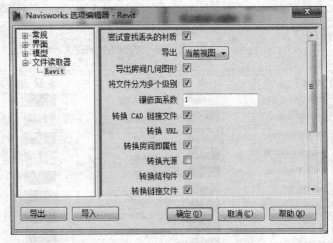

图5.56 勾选"转化结构件"复选框

(3)在模型选择的精度上,一般设置到"几何图形"这一级别,才能够把这些子构件选择出来,做成相关的搜索集。

做到以上几点,基本上就可以比较方便地创建相关的材质集合了。具体的材质设置和渲染的内容,将在工作任务6进行讲解。

3. 创建"碰撞集合"

根据碰撞检测的规则,在大方向上按照专业进行分类的集合称为碰撞集合。因此,碰撞集合就是配合碰撞检测功能的集合体。也就是说,定制集合的时候,要把模型按照建筑、结构、暖通、给排水、消防和电气专业进行划分,在集合上体现专业性,然后对这些单专业进行细化。

关于按专业定制集合,下面列出部分基本规则供大家参考,见表5.4。

表 5.4 "碰撞"集合查找条件

专业	集合名称	逻辑	类别	特性	条件	值
建筑	吊顶	—	元素	类别	=	天花板
	门窗	—	元素	类别	=	门
		OR	元素	类别	=	窗
结构	结构柱	—	元素	类别	=	结构柱
	结构梁	—	元素	类别	=	结构框架
	剪力墙	—	元素	名称	包含	剪力墙
暖通	空调回风	—	系统类型	名称	=	空调回风
	空调送风	—	系统类型	名称	=	空调送风
	采暖热水供水	—	系统类型	名称	=	采暖热水供水
	采暖热水回水	—	系统类型	名称	=	采暖热水回水
给排水	热水给水	—	系统类型	名称	=	热水给水
	冷却循环给水	—	系统类型	名称	=	热水给水
	污水	—	系统类型	名称	=	污水
消防	自动喷水	—	系统类型	名称	=	自动喷水
		—	元素	直径	>=	40
	室内消火栓	—	系统类型	名称	=	室内消火栓
电气	消防耐火线槽	—	元素	名称	包含	消防耐火线槽
	安防线槽	—	元素	名称	包含	安防线槽
	电缆桥架	—	元素	名称	包含	电缆桥架

在表 5.4 中的消防专业,自动喷水管道系统的条件里有一个规则是:直径大于或等于 40mm 的自动喷水管道。这个搜索集意味着只有管径大于 40mm(包含 40mm)的管道参与碰撞检查。在 Revit 环境中,电气专业中的电缆桥架没有系统类型,经常会使用元素名称或项目名称等信息进行电缆桥架功能分类。这里有一些定制好的集合组织目录供参考,如图 5.57~图 5.59 所示。

图 5.57 电气、给排水集合

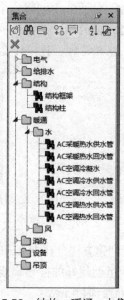

图 5.58 结构、暖通-水集合

图 5.59 暖通-风、消防集合

除创建碰撞集合，一般还要通过外观配置器给这些集合设定明显且易区分的外观，以便直观地区分相关的构件或管道系统。之前在讲"外观配置器"的时候列过若干颜色图例（见图 5.53、图 5.54），下面就各种管道系统设置了颜色，如图 5.60 所示。

图 5.60　管道颜色设置

4. 创建"可见性集合"

1）取消隐藏

在 Navisworks 环境中，如果隐藏了某些模型，想再恢复只能通过"常用"选项卡→"可见性"面板→"取消隐藏所有对象"工具，才能恢复之前被隐藏的构件，如图 5.61 所示。

但是，这样会产生一个问题：在隐藏了大量的对象后，无法直接有选择地恢复其中的一部分。例如，先隐藏了 F1 层的顶板，再隐藏了家具，此时如果只想恢复显示家具，但却没有一个记录功能，只能恢复所有的隐藏对象后，再逐个重新隐藏，这种做法将会在很大程度上影响工作效率。

2）建立"隐藏区"文件夹

针对上述问题，建议先在"集合"对话框中创建一个名为"隐藏区"的文件夹，然后创建需要隐藏构件的选择集或搜索集，再放到这个文件夹里，这样既便于随时隐藏或恢复需要操作的对象，也便于后期进行汇总和管理，让工作变得更加有效率，如图 5.62 所示。

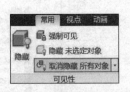

图 5.61　"取消隐藏所有对象"工具

图 5.62　"隐藏区"文件夹存放隐藏的集合

5. 使用"选择树"快捷创建集合

下面再介绍一个比较实用的集合创建方法，在把 Revit 导出的 nwc 模型载入 Navisworks 中以后，在其默认的环境中已经有大量创建好的搜索集规则可供使用，具体操作如下。

（1）打开"工作任务 5\综合实训楼项目 .nwd"。

（2）如图 5.63 所示，单击"常用"选项卡→"选择和搜索"面板→"选择树"工具，打开"选择树"对话框。

图 5.63 "选择树"对话框

（3）在"选择树"对话框中，将"标准"切换成"特性"。模型当中与特性有关的所有属性信息就会按树形目录分别列出来。

（4）如图 5.64 所示，打开"查找项目"对话框，展开"选择树"对话框中的"Revit 类型"→"名称"。

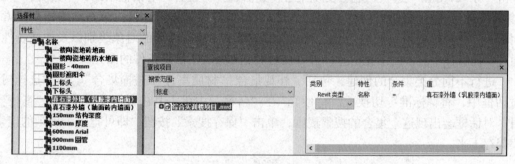

图 5.64 单击选择树集合后查找项目中会出现查找规则

（5）在"名称"中单击其中某一个集合后，"查找项目"对话框会出现这个集合的搜索规则。

（6）在"集合"对话框中单击"保存搜索"，即可把这个规则的搜索集保存下来。

> **提示**
>
> 在"选择树"的"特性"目录下，有大量已经创建好的搜索集。常用的搜索规则主要有三个：①"Revit 类型"-"名称"；②"元素"-"类别"；③"材质"-"名称"。
> 这些规则就像 Navisworks 后台给大家建好的默认特性数据库，之前创建的那些选择集实际上就是在这些已经分好类的数据上建立起来的，只不过在使用的时候进行了一些自由的定制和组合。

思想提升

准确创建 Navisworks 搜索集的前提条件是建筑虚拟仿真模型的构件命名遵循统一的命名规则，这就需要从事建筑虚拟仿真技术的工程师们具有一定的规则意识。

中国坚持积极参与全球安全"规则"制定，加强国际安全合作，积极参与联合国维和行动，为维护世界和平和地区稳定发挥建设性作用。中国积极参与全球治理体系的改革和建设，践行共商、共建、共享的全球治理观，坚持真正的多边主义，推进国际关系民主化，推动全球治理朝着更加公正合理的方向发展。坚定维护以联合国为核心的国际体系、以国际法为基础的国际秩序、以联合国宪章宗旨和原则为基础的国际关系基本准则，反对一切形式的单边主义，反对搞针对特定国家的阵营化和排他性小圈子。推动世界贸易组织、亚太经合组织等多边机制更好发挥作用，扩大金砖国家、上海合作组织等合作机制影响力，增强新兴市场国家和发展中国家在全球事务中的代表性和发言权。

工作总结

单击"常用"选项卡→"选择和搜索"面板→"集合"下拉菜单→"管理集"工具，打开"集合"对话框。选择相应构件，在"集合"对话框中进行保存，能够形成"选择集"。

打开"查找项目"，通过特性查找，能够形成"搜索集"。

在选择集上右击，选择"更新"选项，能够实现集合更新。在"集合"对话框右上方单击"导入/导出"选项，能够实现集合传递。选择"集合"对话框中的一个集合，单击"集合"对话框中"添加注释"工具，可以为该集合添加文字注释。单击"选择和搜索"面板→"选择检验器"工具，可以列出当前选择集中所有图元的对象级别以及快捷特性，通过快捷特性中显示的图元信息，可以及时对比和查看不满足条件的图元。

进行不同分类集合的创建，包括"外观集合""材质集合""碰撞集合"。在"选择树"对话框中，将"标准"切换成"特性"，在"名称"中单击其中某一个集合后，"查找项目"对话框会出现这个集合的搜索规则，单击"保存搜索"按钮，即可把这个规则的搜索集保存下来。

工作评价

工作评价表

序号	评分项目	分值	评价内容	自评	互评	教师评分	客户评分
1	创建"集合"	40	1. 创建选择集，10分 2. 创建五个搜索集，30分				
2	管理"集合"	30	1. 更新集合，7分 2. 传递集合，7分 3. 注释集合，7分 4. 选择检验器查看集合，9分				
3	创建常用集合	30	1. 创建外观集合，10分 2. 为外观集合赋予颜色，10分 3. 使用"选择树"快速创建集合，10分				
总 分							

工作任务 6　进行精细化渲染

工作任务书

项　目	具　体　内　容
岗位标准	1.《建筑信息模型技术员国家职业技能标准》(2021年版)，职业编码：4-04-05-04 2."1+X"建筑信息模型（BIM）职业技能等级标准
技术标准	《建筑信息模型应用统一标准》(GB/T 51212—2016)、《建筑信息模型施工应用标准》(GB/T 51235—2017)、《建筑信息模型设计交付标准》(GB/T 51301—2018)
技术要求	1. 设置渲染"全局"选项，包括"屏幕空间环境光阻挡""使用无限制光源""着色器样式""多重采样抗锯齿"。给本工作任务二楼以上外墙外表面设置"灰蓝色"涂料材质，该材质颜色为"RGB 181 223 230"。为瓷砖墙项目设置镂空凹凸贴图材质 2. 为场景文件设置日光，场景文件所在位置为北纬36°、东经120°，时间为2022年6月30日14:45。为场景文件设置人造灯，在建筑物左侧和右侧各放置聚光灯，要求"热点角度"为40°、"落点角度"为80°，灯光的过滤颜色为"粉红色"，RGB值为"255, 0, 255"，灯光的发光类型为"冷白光荧光灯"，灯光亮度为300W、灯光效能为10，即该灯光的光通量为3000流明 3. 对聚光灯效果进行渲染，将渲染图像进行导出
工作任务	典型工作6.1　设置渲染材质 典型工作6.2　设置渲染光源 典型工作6.3　渲染
交付内容	外墙渲染材质完成.nwd 瓷砖墙材质设置完成.nwd 外墙渲染材质完成.nwd 自然光源设置完成.nwd 人造光源设置完成.nwd 渲染导出完成.nwd 渲染图.jpg
工作成图（参考图）	

工作任务6 工作文件

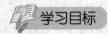

1. 知识目标
- 掌握"渲染"的全局选项设置。
- 掌握渲染材质应用的方法,包括渲染材质库的类别和用户库的创建,以及渲染材质赋予的一般过程和材质参数的相关设置。
- 掌握光源设置的方法,其中自然光源(即日光)含"位置""太阳""天空""曝光"相关参数,人造光源(即灯)含灯的种类、热线角度、落点角度、颜色、光通量等。
- 掌握渲染设置的方法,并进行渲染和渲染导出。

2. 能力目标
- 能够设置渲染"全局"选项。
- 能够将本工作任务二楼以上外墙外表面设置"灰蓝色"涂料材质,该材质颜色为"RGB 181 223 230"。
- 能够为瓷砖墙项目设置镂空凹凸贴图材质。
- 能够按照指定的地点、时间、日照情况为场景文件设置自然光源(即日光)。
- 能够按照指定的灯光类型、灯光参数为场景文件设置人工光源(即灯)。
- 能够对场景文件进行渲染,并将渲染图像进行导出。

典型工作 6.1 设置渲染材质

设置渲染材质

工作场景描述

BIM 建模的同事将创建完成的 Revit 模型提交至 BIM 工程师陈某,需要陈某对这个模型进行渲染。

陈某需要做的首要工作是在 Navisworks 软件中对图元赋予材质参数,他利用 Autodesk Rendering 建立文档材质,将各材质赋予不同类别的图元。

任务解决

1. 设置渲染"全局"选项

(1)打开"工作任务 6\综合实训楼项目 .nwd"。

(2)在场景区域的空白位置右击"全局选项",进入"选项编辑器"。

(3)如图 6.1 所示,选择"界面"→"显示"→Autodesk 命令,细化其中的一些性能参数。其中的参数说明如下。

"屏幕空间环境光阻挡":呈现真实世界环境照明的效果。勾选该复选框,模型会拥有更加细腻的阴影效果。

"使用无限制光源":Autodesk 渲染器默认情况下最多只支持 8 个光源,如果光源数多于 8 个,并且希望还能使用多出来的光源对象,那么可以勾选该复选框。

工作任务 6　进行精细化渲染 | 97

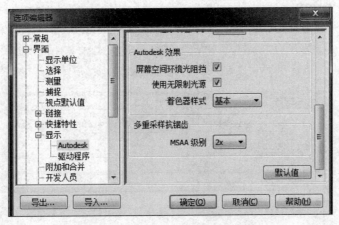

图 6.1　"渲染"的全局选项设置

"着色器样式"：通常情况选择默认的"基本"即可。

"多重采样抗锯齿"：调节几何模型的边缘光滑度。值越高，模型边缘就越光滑，实时渲染的时间可能会越长，对机器的性能要求也越高。通常情况下，建议采用默认值。

2. 创建"渲染"材质库

Revit、AutoCAD、3ds Max、Bentley 的 DGN 等的一些材质可以直接传递到 Navisworks 中，在以上软件中提前进行材质设置会提高后面的工作效率。

（1）单击"渲染"选项卡→"系统"面板→Autodesk Rendering 工具（即 Autodesk 渲染器），如图 6.2 所示。

图 6.2　渲染工具

> **小贴士**
>
> Navisworks 材质库包含 700 多种材质和 1000 多种纹理。如图 6.3 所示，材质库有三种类别，分别是以下几点。
>
> ① 文档材质库。包含当前打开的文件中正在使用或定义的材质，且这些材质仅可以在当前文件中使用。此材质库是通过 Autodesk 库添加或者从原始模型当中自动提取出来的，此库只跟随模型绑定。
>
> ② Autodesk 库。包含软件预置的材质，可供支持 Autodesk 材质的应用程序使用。此库默认情况已被锁定，其旁边显示有锁定图标。因为被锁定，所以可以将这些材质作为自定义材质的基础，添加并保存在用户库中。
>
> ③ 用户库。单击 Autodesk Rendering 对话框左下方的"创建、打开并编辑用户定义的库"按钮，可以新建库，即自定义用户库。用户库材质是通过 Autodesk 库以

及文档材质库添加进来的，而且其中的材质不会像 Autodesk 库一样被锁定，可以自由编辑和修改。这个库保存在计算机中，不论打开哪个模型文件，用户库中的材质都可以直接拿来使用。此库也可以复制到其他计算机上进行材质库传递。

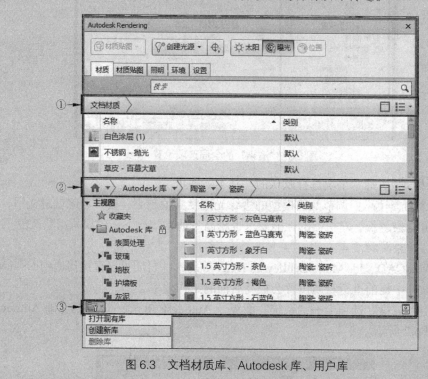

图 6.3　文档材质库、Autodesk 库、用户库

（2）在 Autodesk Rendering 对话框左下方单击"创建、打开并编辑用户定义的库"按钮 ，选择"创建新库"并命名为"常用材质"。将在计算机上创建一个扩展名为 .adsklib 的材质库文件。

（3）在"常用材质"上右击，选择"创建类别"选项，如玻璃、石材等。拖曳"文档材质库"中的材质放置到这个文件夹下，形成自己的特有资源，如图 6.4 所示。

（4）单击 Autodesk Rendering 对话框左下方的"创建、打开并编辑用户定义的库"按钮 ，选择"打开现有库"选项，可以打开已经设置好的材质库并进行使用，也可以使用这种方法，把新设置好的材质复制到别的计算机上，进行材质传递。

图 6.4　用户库创建

3. 渲染材质赋予

将二楼以上外墙外表面设置为"灰蓝色墙漆"材质，具体操作步骤如下。

（1）单击 Autodesk 库，为了便于浏览，将此对话框右侧中部的"查看类型"调整为缩略图模式。如图 6.5 所示，在"墙漆"→"粗面"类型下找到名为"灰蓝色"的基础材质，单击右侧的 按钮，将其添加到上面的文档材质库里。

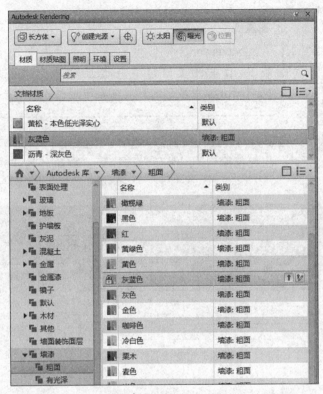

图 6.5 选择材质放入文档材质中

（2）双击"文档材质"中的"灰蓝色"涂料，修改颜色为"RGB 181 223 230"，如图 6.6 所示。

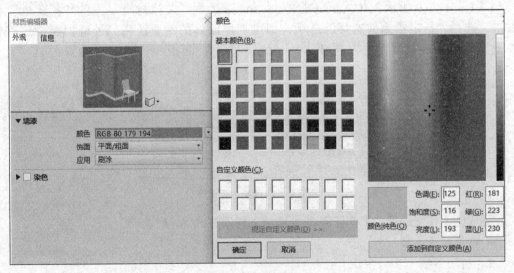

图 6.6 修改材质颜色

（3）单击"常用"选项卡→"显示"面板→"特性"，弹出"特性"对话框。确保选择精度为"几何图形"，选择墙体，在"特性"对话框中可以查看到"Revit 材质"的"名称"为"蓝灰色涂料"，如图 6.7 所示。

图6.7 材质查看

> **注意**
>
> Navisworks 构件中的所有特性均来自于原 Revit 文件。在 Revit 中设置的墙体外面层材质为"蓝灰色涂料",在 Navisworks 中显示的材质名称即为"蓝灰色涂料"。

(4)选择"常用"选项卡→"查找项目",弹出"查找项目"对话框,如图 6.8 所示。查找"Revit 材质名称=蓝灰色涂料",保存为选择集,重命名为"二楼以上外墙面层材质"。

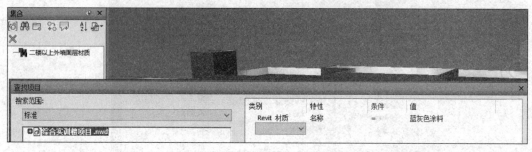

图6.8 "查找项目"对话框

> **提示**
>
> 也可使用"选择树",找到"Revit 材质"中的"名称"——"蓝灰色涂料"。

(5)如图 6.9 所示,在 Autodesk Rendering 对话框"文档材质"中的"灰蓝色"处右击,选择"指定给当前选择"选项,即可把修改好的材质应用到外墙面层的这些构件上。此时,确认"视点"选项卡→"渲染样式"面板→"模式"设置的是"完全渲染"。

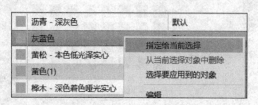

图6.9 指定给当前选择

完成的工作文件见"工作任务 6\外墙渲染材质完成 .nwd"。

4.设置材质参数

1)材质参数

(1)打开"工作任务 6\材质参数 .nwd"。

(2)选择 Autodesk Rendering 对话框→"文档材质",双击"屋面板-灰色组合"材质。

(3)在弹出的"材质编辑器"对话框中修改各种材质参数。

设置材质参数

小贴士

在"材质编辑器"对话框中,可对"常规""反射率""透明度""剪切""自发光""凹凸"等类别的相关参数进行修改,具体说明如下。

(1)"常规":该参数包括"颜色""图像""光泽度""高光"等,如图6.10所示。

"颜色":即材质的颜色。需要注意的是,对象上的材质颜色在对象的不同区域内各不相同,如观察一个红色球体,它并不显现出统一的红色,远离光源的面显现出的红色比正对光源的面显现出的红色暗,反射高光的区域显示的红色最浅。事实上,如果红色球体非常有光泽,其高光区域可能显现出白色。可以通过指定颜色或自定义纹理修改该参数,纹理可以是图像也可以是程序纹理。

"图像":用于控制材质漫射颜色的贴图(漫射颜色指对象在直射日光或人造光源照射下反射的颜色)。

"光泽度":用于指定表面的光滑度,这会影响反射率和透明度。降低光泽度可以创建粗糙表面或磨砂玻璃。输入一个介于0(阴暗)和100(完美镜像)之间的值。

"高光":有"金属"和"非金属"选项。选择"金属"可以增加金属高光,默认值为"非金属"。

(2)"反射率":该参数用于模拟有光泽对象的表面上反射的场景。反射率贴图若要获得较好的渲染效果,材质应有光泽,且反射图像本身应具有较高的分辨率(至少512×480px)。如图6.11所示,通过"反射率"中的"直接"和"倾斜"滑块可控制表面上的反射级别及反射高光的强度。

图6.10 常规参数

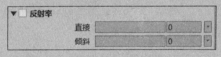

图6.11 反射率

(3)"透明度":图6.12所示为"透明度"选项组。当"数量"值为0.0时,材质完全不透明;"数量"值为100时,材质完全透明。透明效果在有图案背下预览最佳。仅当"数量"值大于0时,"半透明度"和"折射"特性才可以编辑。

当"半透明度"值为0.0时,材质无半透明特性;值为100时,材质完全半透明。半透明对象(如磨砂玻璃)允许部分光线穿过并在对象内散射部分光线。

"折射"用于控制光线穿过材质时的弯曲度,因此会导致位于对象另一侧的其他对象的外观发生扭曲。当折射率为1.0时,透明对象后面的对象不会失真;当折射率为1.5时,对象将严重失真,就像透过玻璃球看对象一样。

(4)"剪切":可以使材质部分透明,从而产生基于纹理灰度转换的穿孔效果。如图6.13所示,单击 按钮,可以选择将图像文件,用于镂空贴图。将贴图的浅色区域渲染为不透明,深色区域渲染为透明。当使用透明度实现磨砂或半透明效果时,反射率将保持不变。镂空区域不会反射。

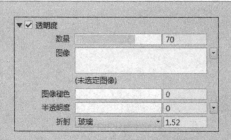
图 6.12 透明度的设置

图 6.13 剪切

（5）"自发光"：自发光贴图可以使部分对象呈现出发光效果。例如，若要在不使用光源的情况下模拟霓虹灯，可以将自发光值设置为大于零。黑色区域不使用自发光进行渲染，灰色区域会渲染为部分自发光，具体取决于灰度值。具体参数如下。

"过滤颜色"会在发光的表面上创建颜色过滤效果。

"亮度"可以让材质模拟在光源中被照亮的效果，如图 6.14 所示，如模拟 LED 霓虹灯等。发射光线的多少由该参数的值确定。该值以亮度单位进行测量。

"色温"可用于设置自发光的颜色。

（6）"凹凸"：可以选择图像文件或程序贴图以作为贴图。如图 6.15 所示，凹凸贴图使对象看起来具有起伏或不规则的表面。例如，当使用凹凸贴图材质渲染对象时，贴图的较浅（较白）区域看起来高（凸）了一些，而较深（较黑）区域看起来低（凹）了一些。如果图像是彩色图像，那么将以每种颜色的灰度值显示。凹凸贴图会显著增加渲染时间，但会增加对象的真实感。

图 6.14 自发光参数

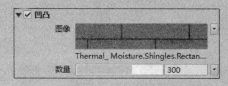
图 6.15 凹凸参数

若要去除表面的平滑度或创建凸雕外观，可以使用凹凸贴图。凹凸贴图的深度效果是有限的，因为它不影响对象的轮廓且不能自阴影。如果要在表面上获得最大深度，则应使用建模技术。

"图像"可生成有效的凹凸贴图。"数量"可以调整凹凸的高度。值越高，渲染创建的凸出高度越高；值越低，则凸出高度越低。

2）材质参数设置实例

（1）打开"工作任务 6\瓷砖墙 .nwd"文件。

（2）打开 Autodesk Rendering 对话框，将"Autodesk 库"→"陶瓷"材质→"瓷砖"中的任一种材质（如"2 英寸方形 - 米色"）添加到文档材质中。双击该材质，打开"材质编辑器"对话框，如图 6.16 所示。在"信息"中修改名称为"自定义外墙材质"，注意，此时 Autodesk Rendering 对话框的"文档材质"列表中已出现"自定义外墙材质"。

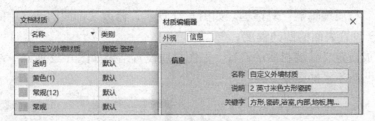

图 6.16 "材质编辑器"对话框

（3）使用选择工具选择场景中墙体图元。右击 Autodesk Rendering 对话框→"文档材质"列表→"自定义外墙材质"，在弹出的快捷菜单中选择"指定给当前选择"选项，将材质赋予所选择的墙图元。

（4）返回"材质编辑器"对话框，如图 6.17 所示，单击"颜色"下拉按钮，选择"平铺"选项，将当前材质纹理设置为平铺贴图，Navisworks 将弹出"纹理编辑器"对话框。

（5）如图 6.18 所示，设置"平铺"的"填充图案"下的"类型"为"1/2 顺序砌法"；"瓷砖计数"的"行""列"值分别为 1.00；将"比例"参数中"样例尺寸"的"宽度"和"高度"都修改为 1.00m，其他参数保持不变。"纹理编辑器"上方材质预览窗口中的预览效果将随之改变，Navisworks 将在场景中实时显示材质预览。

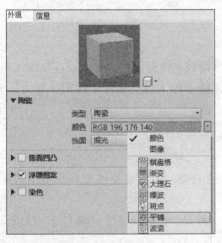

图 6.17 平铺

图 6.18 填充图案

（6）关闭"纹理编辑器"，返回"材质编辑器"对话框。如图 6.19 所示，勾选"饰面凹凸"复选框，在"类型"下拉菜单中选择"自定义"选项。在弹出的"材质编辑器打开文件"对话框中，浏览至"工作任务 6\ 贴图图片 \ 镂空凹凸贴图 .png"贴图文件，Navisworks 将弹出"纹理编辑器"对话框。如图 6.20 所示，将"比例"选项中的"样例尺寸"的"宽度"和"高度"均修改为 2.00m，贴图将在宽度和高度方向上覆盖实际模型的 2.00m 的尺寸区域。

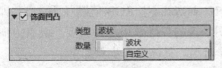

图 6.19 饰面凹凸

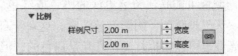

图 6.20 样例尺寸调整

(7)返回"材质编辑器"对话框。如图6.21所示,修改"饰面凹凸"中的"数量"为1.00。该值用于设置表面的凹凸程度。

至此,完成自定义外墙材质的设置。贴图材质设置结果如图6.22所示。注意,材质表面已经有明显凹凸不平的图案。

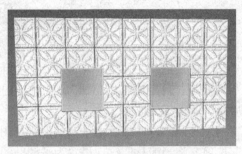

图6.21 凹凸数量　　　　　　　图6.22 贴图材质设置结果

完成的文件见"工作任务6\瓷砖墙材质设置完成.nwd"。

典型工作6.2 设置渲染光源

设置渲染光源

工作场景描述

Revit模型中没有光线效果,陈某考虑若要将渲染效果做得出彩,那么就应该加入光源。陈某使用Autodesk Rendering工具,在场景文件中加入自然光源(太阳)和人工光源(人造灯)。

任务解决

在模型中添加光源不仅可以创建更具真实感的渲染,为场景提供更具真实感的外观,还可以增加场景的清晰度和三维视觉效果。

在Autodesk Rendering中,光源分为两种,一种是"自然光源",来自于"太阳"和"天空";另一种是"人工光源",来自于模型的灯具。

1. 创建"自然光源"

"自然光源"即是"太阳"和"天空"。"太阳"是一种类似于平行光的特殊光源。"太阳"的角度由为模型指定的地理位置以及日期和时间决定。可以更改"太阳"的亮度及其光线的颜色。"太阳"与"天空"是自然光源的主要来源。但是,太阳光线是平行的且为淡黄色,而大气投射的光线来自所有方向且颜色为明显的蓝色。影响"自然光源"的多为天气因素,如在晴朗的天气,太阳光的颜色为浅黄色,多云天气会使日光变为蓝色,而暴风雨天气则使日光变为深灰色。在日出和日落时,空气中的微粒会使日光变为橙色或褐色,日光颜色可能是比黄色更深的橙色或红色。而在Navisworks中RGB值默认为255,即白色。天气越晴朗,阴影就越清晰,这对于自然照明场景的三维效果非常重要。具有方向性的光线也可以模拟月光,月光是白色的,但比阳光暗淡。具体操作步骤如下。

(1)打开"工作任务6\外墙渲染材质完成.nwd"。

（2）选择 Autodesk Rendering 对话框→"环境"选项卡，并激活"太阳"和"曝光"，如图 6.23 所示，打开环境效果。

图 6.23　环境的设置

（3）设置位置信息。如图 6.24 所示，单击"位置"，设置项目的经度和纬度坐标。这里假定项目在青岛，设置"纬度"为北纬 36°、"经度"为东经 120°，且与正北没有夹角，单击"确定"按钮。

（4）设置环境信息。展开"太阳"列表框，显示与"太阳"相关的参数。其中，"强度因子"是太阳光的亮度，参照图 6.25 设置相关参数，其中"日期"设为 2022 年 6 月 30 日，"时间"设为 14:45，不勾选"夏令时"复选框。

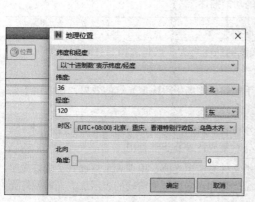

图 6.24　位置的设置

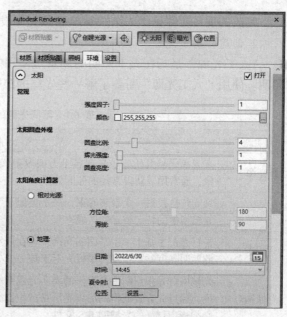

图 6.25　"太阳"的设置

展开"天空"列表框，显示与"天空"相关的参数。参照图 6.26 进行设置：①更改"强度因子"的值，可以放大天空效果；②移动"薄雾"滑块可调整空气中的薄雾量，取值范围是从 0（非常晴朗的天气）到 15（极为阴暗的天气或撒哈拉沙尘暴）；③单击"夜间颜色"的颜色选择器按钮■，然后设置所需的值，此值为天空的最小颜色值，天空黑暗程度永远不会低于该值；④移动"地平线高度"滑块可调整地平线的位置，这不仅影响地平线（地平面）的视觉表示法，也会影响太阳"落山"的位置；⑤使用"模糊"滑块可调整地平面和天空之间的模糊量；⑥单击"地面颜色"的颜色选择器按钮▇，然后设置所需的值，此值是虚拟地平面的颜色。

展开"曝光"列表框，显示与"曝光"相关的参数。参照图6.27进行设置。"曝光"行为在渲染之前或之后都可以进行调整，这些设置曝光的数值将与模型一起保存，下次打开时，将使用相同的曝光设置。

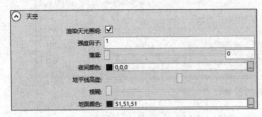
图 6.26 "天空"的设置

图 6.27 "曝光"的设置

> **注意**
>
> 如果要使日光和天空效果可见，则需要打开曝光参数，否则场景视图的背景将强制变为白色。

完成的项目文件见"工作任务6\ 自然光源设置完成 .nwd"。

2. 创建"人工光源"

"人工光源"是指在人工照明的场景里使用的点光源、聚光灯、平行光或光域网灯光照明。使用"人工光源"需要了解一些光源的照明行为。不同光源的功能描述见表6.1。

表 6.1 不同光源的功能描述

灯光名称	功 能 描 述
点光源	点光源是从其所在位置向各个方向发射光线的照明行为。点光源将照亮它周围的所有对象，通常用于获得常规的照明效果
聚光灯	聚光灯会投射一个聚焦光束，产生类似于手电筒、剧场中跟踪聚光灯的效果，通常用于亮显模型中的特定要素和区域
平行光	平行光产生基于一个平面的光线，它在任意位置照射面的亮度都与光源处的亮度相同，因此照明亮度并不精确。平行光对于统一照亮对象或背景幕非常有用
光域网灯光	光域网灯光根据制造商提供的真实光源数据文件来产生光源，用于表示更加真实的灯光照度。通过此方式获得的渲染光源可产生比聚光灯和点光源更加精确的表示法。光域网灯光必须指定灯光的光域网 IES 文件

创建"人工光源"的具体操作步骤如下。

（1）打开"工作任务6\ 自然光源设置完成 .nwd"，打开 Autodesk Rendering 对话框切换至"照明"选项卡，如图6.28所示。注意，左侧光源列表中显示了当前场景中所有可用的人工光源"平行光""平行光（1）"，该光源为 Navisworks 在导入 Revit 场景时提供的默认光源。

单击"太阳""曝光"工具,取消场景中太阳光和曝光控制选项。在场景区域右击,设置"背景"为"单色"和"黑色"。

(2)如图 6.29 所示,确认"光源图示符" 处于激活状态;在"创建光源"下拉菜单中单击"聚光灯"选项,进入聚光灯放置模式。

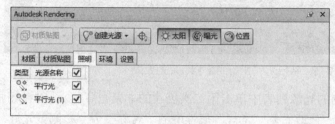

图 6.28 "照明"选项卡

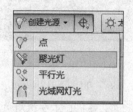

图 6.29 创建"聚光灯"

(3)如图 6.30 所示,移动鼠标指针至建筑物左侧位置,单击作为聚光灯光源位置;移动鼠标指针至塔楼屋面位置,单击确定聚光灯的照射方向,完成该聚光灯的放置。

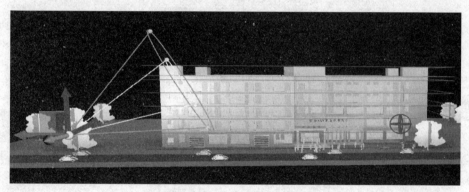

图 6.30 左侧聚光灯放置

(4)使用类似的方式,在建筑物右侧放置聚光灯,如图 6.31 所示。

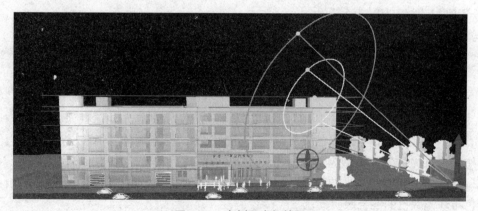

图 6.31 右侧聚光灯放置

(5)注意,添加聚光灯时,Navisworks 将在 Autodesk Rendering 对话框左侧的光源列表中显示所有当前场景中已添加的人工光源。取消勾选"平行光""平行光(1)"复选框,将该默认光源设置为关闭状态,效果如图 6.32 所示。

图 6.32 取消"平行光""平行光(1)"后的效果

(6)如图 6.33 所示,在左侧的光源列表中单击第二次创建的"聚光灯",此时在场景中将显示灯光符号及灯光锥角线;修改右侧"常规"属性中的"名称"为"右侧聚光灯",此时灯光列表中该灯光名称变化;修改"热点角度"为 40.0000,"落点角度"为 80.0000;注意,场景中该灯光白色和绿色锥角区域的变化。

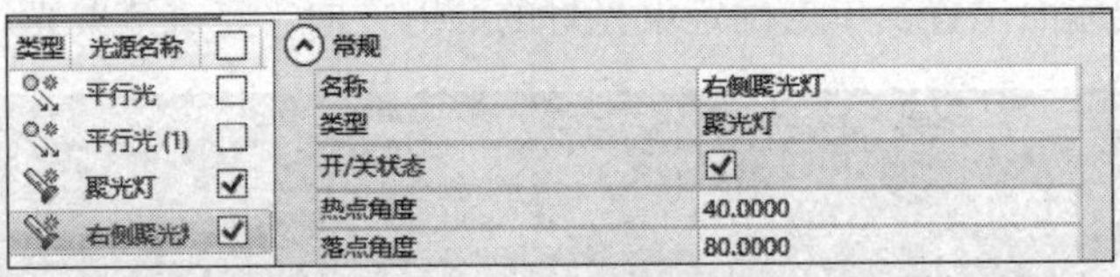

图 6.33 对"右侧聚光灯"的修改

> **提示**
> 也可以选择场景区域光源的控制点以修改"热点角度""落点角度",或者移动光源位置。

(7)单击"过滤颜色"属性中的"浏览",弹出 Color 对话框。在 Color 对话框中选择"粉红色"作为该灯光的过滤颜色。完成后单击"确定",退出 Color 对话框。注意,该颜色 RGB 值为"255,0,255"。

> **提示**
> 过滤颜色类似于灯具的灯罩颜色,即灯光透过的玻璃罩颜色。

(8)单击"灯光颜色"属性中的"浏览",弹出"灯光颜色"对话框。如图 6.34 所示,在"类型"选项组中设置灯光的发光颜色"类型"为"标准颜色",在"标准颜色"下拉菜单中选择灯光的发光类型为"冷白光荧光灯"。完成后单击"确定"按钮,退出"灯光颜色"对话框。此时"产生的颜色"属性中 RGB 值为"255,0,150",该颜色为灯光过滤颜色与灯光颜色的混合照明颜色。

(9)单击"灯光强度"参数后的"浏览",弹出"灯光强度"对话框。如图 6.35 所示,设置灯光强度的"单位"为"瓦特(瓦)",修改灯光亮度值为 300、灯光效能为 10,即该灯光的光通量为 3000 流明;完成后单击"确定"按钮,退出"灯光强度"对话框。注意,此时该灯光照射范围内的颜色及亮度变化。

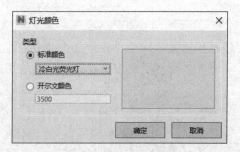

图 6.34　灯光颜色　　　　　　　图 6.35　灯光强度

完成的项目文件见"工作任务 6\ 人造光源设置完成 .nwd"。

> **小贴士**
>
> 在使用聚光灯时，Navisworks 提供了"热点角度"和"落点角度"两个重要的灯光参数。如图 6.36 所示，"热点角度"用于定义灯光中最亮的部分，也被称为光束角，如白色线条角度所示；而"落点角度"用于定义聚光灯中完整的最大照射范围，也被称为视场角，如绿色线条角度所示。"热点角度"与"落点角度"之间的差距越大，聚光灯照射区域的边缘就越柔和；反之，如果"热点角度"与"落点角度"几乎相等，则聚光灯照射区域的边缘就越明显。

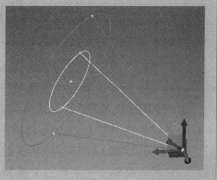

图 6.36　"热点角度"与"落点角度"

典型工作 6.3　渲染

工作场景描述

光源设置完成后，BIM 工程师陈某将对场景文件进行渲染。陈某使用"渲染"选项卡中的工具对场景文件进行渲染。

渲染

任务解决

1. 渲染设置

（1）打开"工作任务 6\ 人造光源设置完成 .nwd"。

（2）在渲染之前可以在"低质量""中等质量""高质量"3 个预定义渲染质量中进行选择，以控制渲染输出的效果和速度，如图 6.37 所示。最高质量的图像通常所需的渲染时间也最长，涉及大量的复杂计算，这些计算会使计算机长时间处于繁忙状态。

图 6.37　渲染的设置

> 小贴士
>
> （1）"低质量"。抗锯齿将被忽略，样例过滤和光线跟踪处于活动状态，着色质量低。如果要快速看到应用于场景的材质和光源效果，可使用此渲染样式。生成的图像存在细微的不准确性和不完美（瑕疵）之处。
>
> （2）"中等质量"。抗锯齿处于活动状态，样例过滤和光线跟踪处于活动状态，且与"低质量"渲染样式相比，反射深度增加。在导出最终渲染之前，可以使用此渲染样式执行场景的最终预览。生成的图像将具有令人满意的质量，只有少许瑕疵。
>
> （3）"高质量"。抗锯齿、样例过滤和光线跟踪处于活动状态。图像质量很高，且包括边、反射和阴影的所有反射、透明度和抗锯齿效果。此渲染质量所需的生成时间最长。将此渲染样式用于渲染输出的最终导出样式，生成的图像具有高保真度，并且最大限度地减少了瑕疵。

（3）设置与渲染相关的全局选项（Autodesk）。使用 F12 键打开"选项编辑器"对话框。如图 6.38 所示，展开"界面"→"显示"→Autodesk，相关参数说明如下。

① "使用替代材质"：如果不勾选，将只使用 Autodesk 材质；勾选，则会强制使用基本材质。如果在使用 Autodesk 材质库时发现不正常，可以勾选此复选框。

② "使用 LOD 纹理"：使用多细节层次的材质纹理，是一个智能判断渲染资源分配的技术。它可以高效率地获得渲染预算，但也会在一定程度上降低渲染质量。

③ "反射已启用"：会在材质的贴图上启用映射天空的效果。

④ "高亮显示已启用"：为 Autodesk 材质启用高光颜色。

⑤ "凹凸贴图已启用"：使设置了凹凸参数的材质表现出凹凸不平的不规则表面。

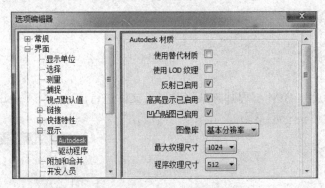

图 6.38 Autodesk 材质的全局选项

（4）设置与渲染相关的全局选项（驱动程序）。如图 6.39 所示，展开"界面"→"显示"→"驱动程序"。此处需要把能勾选的复选框全部勾选上，保证所有能用的图形驱动可用。

2. 进行渲染

（1）如图 6.40 所示，单击"渲染"→"交互式光线跟踪"→"光线跟踪"工具进行渲染。

工作任务6　进行精细化渲染 | 111

图 6.39　驱动程序选项

图 6.40　单击"光线跟踪"工具

（2）在渲染的过程中，场景区域左下方显示渲染的进度和时间，可以随时暂停并保存期间的渲染进度和结果，可导出图片进行保存。

（3）渲染完成后，单击"渲染"中的"导出"→"图像"，将渲染图片导出。
导出的渲染图像如图 6.41 所示。完成的项目文件见"工作任务6\渲染导出完成.nwd"。

图 6.41　导出的渲染图像

"中国建造"："走出去"深耕国际市场

　　位于北京东长安街的北京国贸建筑群，见证着中国建筑业水平的飞跃——1985 年，国贸一期进行工程总包招标时，没有一家中国建筑企业有报名资格；1996 年，国贸二期工程国际招标中，中建一局成为工程主承包商；2005 年，国贸三期参与投标的全部是中国企业，中建一局再次成为工程总承包商。

　　中国建筑集团作为 20 世纪 80 年代的"学生"，如今跻身世界 500 强第 18 位，成为最大的投资建设集团。随着实力的增长，中国建筑集团进军国际市场，从发展劳务合作入手，向建筑工程承包、总承包等业务发展，在中东、北非等地区进行全方位开拓。

　　中国建筑集团是我国建筑企业发展的缩影。我国建筑企业积极拓展海外业务，深度参与"一带一路"共建国家和地区重大项目的规划和建设，着力推动陆上、海上、天上、网上四位一体设施的互联互通，陆续建成了中缅原油管道、摩洛哥穆罕默德六世大桥、蒙内铁路等设施，"中国建造"品牌在国际上稳扎稳打、逐步生根。

　　对比 1979 年中国对外承包工程 3400 万美元的全年合同额，2020 年新签合同额已超过

2500亿美元。

中国对外承包工程商会会长房秋晨认为，中国承包商承揽的国际基础设施在项目规模、技术、附加值等方面快速提升，中国承包商角色定位已由最初的承包商转变为基础设施的综合服务商。

根据美国《工程新闻纪录》（Engnineering News-Record）发布的"全球最大250家国家承包商"榜单，2020年度有中国交通建设集团、中国建筑集团等74家中国企业上榜，上榜中国企业业务量以1200.05亿美元保持全球首位，占250家上榜企业国际业务总额的四分之一。

工作总结

"选项编辑器"对话框中的"界面"→"显示"→Autodesk用于细化"渲染"参数。

单击"渲染"选项卡"系统面板"中的Autodesk Rendering，打开"渲染"对话框。以本工作任务二楼以上外墙外表面设置一个砖纹理的材质为例，详细操作如下：选择"屋面板-灰色组合"材质，添加到"文档材质"库里；双击名称为"屋面板-灰色组合"的材质，打开"材质编辑器"，进行材质编辑；查找选择"涂层-外部-蓝灰色"墙体，在Autodesk Rendering对话框→"文档材质"中的"屋面板-灰色组合"处右击，选择"指定给当前选择"选项，把修改好的材质应用到外墙面层的这些构件上。

在Autodesk Rendering对话框中，对自然光源（即日光）进行设置：选择"环境"选项卡，并激活"太阳"和"曝光"效果，打开环境效果，设置位置信息、环境信息和"曝光"相关的参数。对人工光源进行设置：选择"照明"选项卡，单击"创建光源"，创建"聚光灯"等人工光源，可以修改"热点角度""落点角度""过滤颜色""灯光强度"等。

设置渲染输出的质量，进行渲染。渲染的一般流程为：从材质库中选择材质将其指定到所选图元→设置位置信息、环境信息（太阳、天空、曝光）、灯光信息等→设置渲染质量→进行渲染→保存或导出渲染的图像。

工作评价

工作评价表

序号	评分项目	分值	评价内容	自评	互评	教师评分	客户评分
1	设置渲染材质	35	1. 设置渲染"全局"选项，6分 2. 创建"渲染"材质库，7分 3. 渲染材质赋予，11分 4. 设置材质参数，11分				
2	设置渲染光源	45	1. 创建自然光源，20分 2. 创建人工光源，25分				
3	渲染	20	1. 渲染设置，10分 2. 进行渲染，10分				
			总　　分				

工作任务 7　碰撞检查与审阅

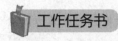工作任务书

项目	具体内容
岗位标准	1.《建筑信息模型技术员国家职业技能标准》（2021年版），职业编码：4-04-05-04 2. "1+X"建筑信息模型（BIM）职业技能等级标准
技术标准	《建筑信息模型应用统一标准》（GB/T 51212—2016）、《建筑信息模型施工应用标准》（GB/T 51235—2017）、《建筑信息模型设计交付标准》（GB/T 51301—2018）
技术要求	1. 对 Revit 模型进行分楼层导出，要求仅将 F2 楼层的 Revit 模型进行导出，要导出一个完整的层高 2. 将 ARC.nwc、ELE.nwc、PD.nwc、HVAC.nwc 水电暖模型进行合并 3. 制作各专业的管道系统碰撞集，通过外观配置器给这些集合设置明显且易区分的外观 4. 定制暖通与结构碰撞的碰撞行为及规则 5. 对暖通与结构的碰撞进行检测和结果定位，所有碰撞点都汇总完成之后，整合并导出碰撞报告 6. 通过 Clash Detective（碰撞检测）功能查找出碰撞点，再通过 Navisworks 的"返回"功能自动在 Revit 中查找碰撞构件、进行碰撞定位
工作任务	典型工作 7.1　完成一套碰撞检测流程 典型工作 7.2　完成地下车库工程的碰撞检测与测量审阅
交付内容	住宅项目 F2 楼层导出设置完成 .rvt 住宅项目 F2 楼层导出设置完成 .nwd F1-All 碰撞检测完成 .nwd 地下车库碰撞检测完成 .nwd 地下车库冲突检测报告完成 .nwd 地下车库测量完成 .nwd
工作成图 （参考图）	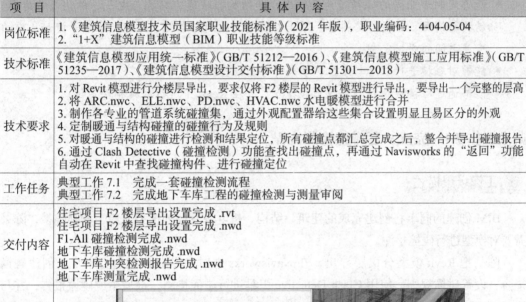 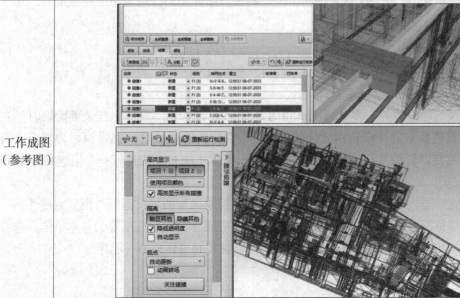

工作任务7
工作文件

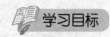 学习目标

1. 知识目标
- 了解 Navisworks 碰撞的相关概念。
- 掌握冲突检测的设置。
- 掌握冲突检测的方法。
- 掌握冲突检测报告的导出。

2. 能力目标
- 能够对 Revit 模型进行分楼层导出,要导出一个完整的层高。
- 能够制作各专业的管道系统碰撞集,通过外观配置器给这些集合设置明显且易区分的外观。
- 能够定制专业间的碰撞行为及规则,如结构与暖通、结构与电气、结构与给排水、结构与消防、暖通与给排水、暖通与消防、暖通与电气、暖通与吊顶等诸如此类的专业之间的碰撞定制。
- 能够对碰撞进行汇总与定位,整合并导出碰撞报告。
- 能够通过碰撞检测功能查找出碰撞点,并在 Revit 中进行碰撞构件定位。

典型工作 7.1　完成一套碰撞检测流程

完成一套碰撞检测流程

工作场景描述

BIM 创建的同事将创建完成的建筑、结构、机电各专业的模型交给工程师陈某,陈某需要对模型进行碰撞检测。

陈某把 Revit 模型分楼层导出,在 Navisworks 中对各专业模型进行整合,创建碰撞集合,设置碰撞规则,使用 Clash Detective 工具进行碰撞检测,最后生成碰撞报告,并与 Revit 交互工作。

任务解决

1. 对 Revit 模型进行分楼层导出

这里所说的碰撞检查,多数情况下指的是 BIM 在设计到一定节点或关键阶段时,对机电专业的管线模型进行校验和优化的过程,通常称为管线综合,也常简称为管综。因此,在这里主要以管综流程为例,对碰撞检查的整体功能和流程进行一个完整的了解和学习。

需要注意,通过创建专用的楼层三维轴测图来控制模型的导出范围与模型完整性。一般来说,管综范围通常是以楼层为基本单位,如以一层、二层、三层等为基本单位,进行分楼层导出;如果是用来做可视化模型,那么可能就需要整体模型一起导出。

以导出 F2 楼层为例进行说明，具体操作步骤如下。
（1）打开"工作任务 7\ 住宅项目 .rvt"。
（2）进入 F2 楼层平面视图，设置视图范围为一个完整的层高，如图 7.1 所示。

图 7.1　在 Revit 中设置视图范围

视图主要范围的顶部和底部处于一个完整的楼层空间内，F2 楼层的起始位置至 F3 楼层的起始位置就是一个完整层高。剖切面位置的偏移量只要处在 F1 楼层和 F2 楼层之间即可，同时视图深度与主要范围的底部一致即可。

> **注意**
>
> 如果要在室内进行漫游，那么可能需要把属于本层的建筑楼板导出，这时主要范围的底部和视图深度最好是向下偏移 −200，如图 7.2 所示。否则，漫游时脚底下是空的，视觉效果上会很难看。
>
>
>
> 图 7.2　底部和视图深度向下偏移 −200

（3）设置好对应的楼层平面视图范围后，可以选择任意一个轴测的三维视图（不要选择透视的三维视图，此视图状态无法使用导出插件）。如图 7.3 所示，右击视图左上方 View Cube 图标的下拉按钮 ，选择"定向到视图"→"楼层平面：标高 2"选项。
（4）设置之后，可以看到如图 7.4 所示的三维效果——一个完整层高的楼层模型。
（5）视图设置完成后，"带细节复制"该视图，重命名为 ARC-F2，如图 7.5 所示。
（6）在该三维视图中将场景文件进行导出，导出为"当前视图"，如图 7.6 所示。
完成的 Revit 文件见"工作任务 7\ 住宅项目 F2 楼层导出设置完成 .rvt"，Navisworks 文件见"工作任务 7\ 住宅项目 F2 楼层导出设置完成 .nwd"。

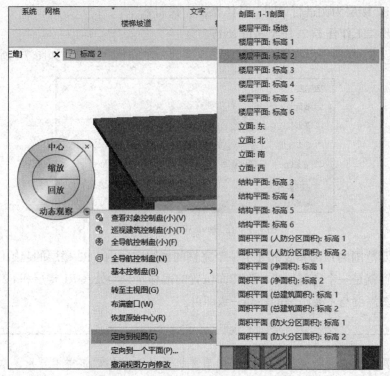

图 7.3 定向视图

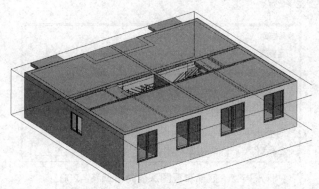

图 7.4 定向视图后的三维效果

图 7.5 复制出 ARC-F2 三维视图

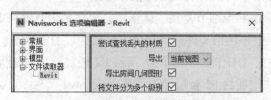

图 7.6 导出"当前视图"

> 小贴士
>
> （1）上述三维视图调整完成之后，需要对其视图的各种属性进行细化，如视图的详细程度。以给排水专业为例，各种供水或回水管线在 Revit 视图的粗略或中等详细程度下，只显示为单线模式，而在精细模式下，会显示完整的管线模型。所以，需要把导出的三维模型视图都设置为精细模式，这样后续在做碰撞检测的时候，碰撞的模型才是正确的。
>
> （2）还要考虑导出视图中模型的可见性，包括对模型类别可见性、工作集可见性以及过滤器可见性等的设置。例如，参与碰撞检测的结构构件是以结构专业的模型为主，所以若建筑专业模型中含结构柱和梁，则在导出建筑专业模型之前需要执行"可见性"命令，把建筑文件里的结构构件，如"结构框架"和"结构柱"都关闭，如图 7.7 所示。总之，需要达到的效果是"所见即所得"，需要导出什么，就让什么可见。

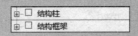

图 7.7 取消"结构柱""结构框架"的可见性

> （3）因为有"所见即所得"的导出方式，所以可以在 Revit 文件中控制是否所有管道都参与碰撞。例如，要求 40mm 以下的所有管道都不参与碰撞，那么就让符合这个规则的管道不可见。所以，在 Revit 三维的导出视图中，可以按照图 7.8 所示内容设置一个过滤器。设置完成之后，添加到导出视图里，并设置为不可见，如图 7.9 所示。这样在导出的模型文件中就不包含 40mm 以下的管道了，后期做碰撞也不会参与。

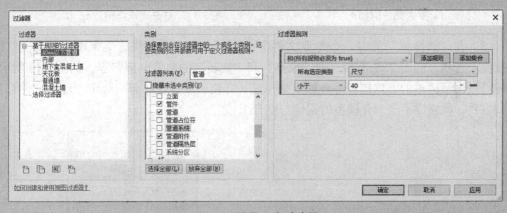

图 7.8 设置一个过滤器

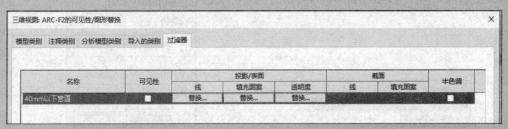

图 7.9 设置为不可见

（4）最后一点，导出时，注意在"导出设置"中建议不要勾选"转换链接文件"复选框，因为导出链接后，可能会存在大量的重复模型，模型的详细程度和可见性控制都不太方便。所以，每个导出模型只考虑本专业即可。

2. 在 Navisworks 中进行各专业模型合并

在上部分里，导出了需要进行碰撞检查的各个专业在同一区域的楼层模型，接下来需要进行的是全专业、全系统的碰撞检查。这里首先通过使用"附加"的方式，把多个专业的文件进行组装，再进行整体或局部 BIM 碰撞检查，在此期间需要保证模型之间正确的位置关系。

（1）把导出的各专业文件放置到同一个文件夹中。如图 7.10 所示，通过使用"附加"的方式，把所有 Navisworks 文件全部选中，并单击打开，然后选择保存，并命名为 F1-ALL。参看"工作任务 7\F1-ALL.nwd"。

（2）打开"选择树"，如图 7.11 所示。

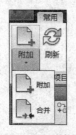

图 7.10 附加

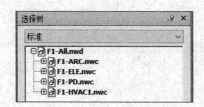

图 7.11 打开"选择树"

（3）在"选择树"的每一个专业文件上，右击，在弹出的快捷菜单中，选择"单位和变换"选项，如图 7.12 所示；把"原点"和"旋转"的数值全部归零，如图 7.13 所示，这样可以用最简单的方式把各专业原点坐标统一并精确整合在一起。每个专业的文件都这样归零后，就完成了全专业模型的定位与整合工作。

图 7.12 选择"单位和变换"选项

图 7.13 "原点"和"旋转"数值归零

3. 碰撞集合与颜色图例

在所有专业模型整合完毕后,开始创建进行碰撞检测的对象集合,也就是常说的碰撞集。对于碰撞集,大致按照专业来分类,在"集合"对话框中建立结构、暖通、给排水、消防、电气和吊顶等几个文件夹。

1) 碰撞集合的创建

(1) 打开"工作任务 7\F1-ALL.nwd"。

(2) 激活"集合"对话框,并把"选择树"切换成"特性"模式,然后按 Shift+F3 组合键或者激活屏幕底部"查找项目"对话框,把 3 个对话框并排在一起,如图 7.14 所示。

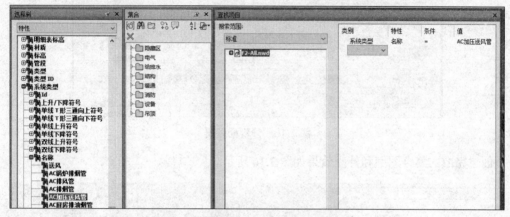

图 7.14 "选择树""集合""查找项目"并排

(3) 在"选择树"的列表中找到"系统类型"的"名称",便可以在"名称"中看到此文件中的所有管道系统。选择其中一个系统类型名称,如选择"AC 加压送风管",可以看到"查找项目"对话框自动生成了此名称的搜索规则,"系统类型名称=AC 加压送风管"。

(4) 单击"查找项目"对话框的"查找全部",会选择此系统类型名称中的所有管道、管件及管路附件,然后在右侧的"集合"对话框中符合的专业目录上右击,选择"保存搜索"并命名为"AC 加压送风管"。

采用这种方法就可快速创建各专业的管道系统碰撞集了。

2) 外观颜色

通常在创建完碰撞集后,还要通过外观配置器给这些集合设置明显且易区分的外观,以便直观地区分出相关的构件或管道系统。

(1) 打开 Appearance Profiler 外观配置工具。

(2) 单击"加载",选择"工作任务 7\ 图例 .dat",将已经创建的图例载入外观配置器。

(3) 以配置"AC 空调回风"颜色为例进行说明。如图 7.15 所示,在 Appearance Profiler 对话框中选择"按集合"→"AC 空调回风"集合,再选择"选择器"中的"AC 空调回风"图例;单击"测试选择"按钮,"AC 空调回风"管线会被选中;最后单击"运行"按钮,"AC 空调回风"的图例颜色会赋予"AC 空调回风"图元。同样,采用相同的方法对每一类碰撞图元赋予单独的颜色,以便于今后的碰撞查看。

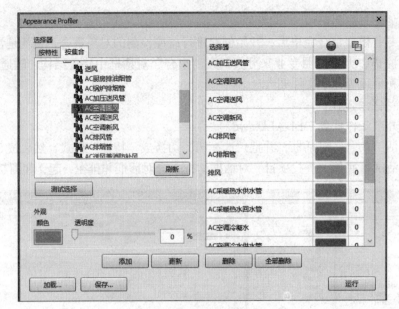

图 7.15　外观配置器

创建完成的集合图例和外观效果如图 7.16 所示。

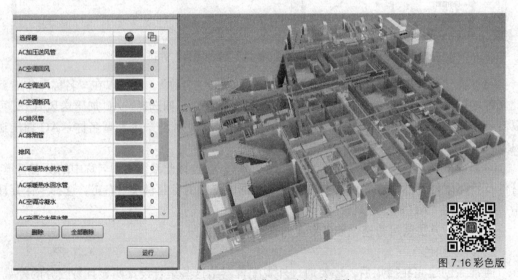

图 7.16 彩色版

图 7.16　创建完成的集合图例和外观效果

4. 碰撞规则设置

各专业颜色配置完成之后，开始定制专业间的碰撞行为及规则。例如，所有专业之间的大碰撞——结构与暖通、结构与电气、结构与给排水、结构与消防、暖通与给排水、暖通与消防、暖通与电气、暖通与吊顶等诸如此类的专业之间的碰撞定制。这里以暖通与结构碰撞为例进行说明。具体操作步骤如下。

（1）打开"工作任务 7\F1-ALL.nwd"。

（2）使用快捷键 Crtl+F2 或在"常用"选项卡→"工具"面板中激活 Clash Detective（碰撞检测），单击 Clash Detective 对话框右上方的"添加检测"按钮，如图 7.17 所示。

图 7.17　添加检测

（3）如图 7.18 所示，重命名检测"名称"为"暖通与电气"，在下方的"选择"选项卡中，把"选择 A"和"选择 B"的分类模式从"标准"改为"集合"，并分别选择"暖通"和"结构"。

（4）设置碰撞检查的对象类型：在"选择 A"或"选择 B"选项组下方，有"面碰撞"、"线碰撞"、"点碰撞"、"自相交碰撞" 4 种方式，如图 7.19 所示。

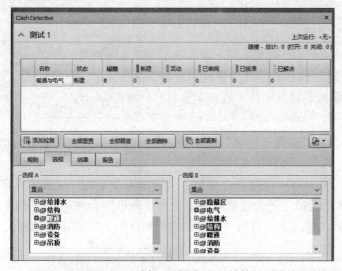

图 7.18　选择"暖通"和"结构"

图 7.19　碰撞方式

小贴士

"面碰撞"是指真实模型发生了物理表面的碰撞，此选项是默认值。

"线碰撞"是指空间线发生的碰撞，多指管道中心线发生的碰撞行为，此选项不常用，一般不用选择。

"点碰撞"是指空间点发生的碰撞，多用在处理测绘或激光扫描等点云数据上。

"自相交碰撞"是指在"选择 A"或"选择 B"集合里的对象本身发生的碰撞行为。如果在"选择 A"里选择了"暖通"集合，并选择了"自相交碰撞"，那么在最终的碰撞结果中将会包含暖通集合内的所有构件与自己发生碰撞的行为，如暖通集合本身包含风管与防火阀，如果这个集合中的这两组对象发生碰撞，在结果中就会被检查出来，而且碰撞结果只包含"自相交碰撞"的内容。多数情况下用不上此功能。

（5）设置碰撞类型：在 Navisworks 中常用的碰撞类型主要有"硬碰撞""间隙"和"重复项"三种碰撞类型。如图 7.20 所示，本例设置为"硬碰撞"，"公差"为 0.020m。

> **小贴士**
>
> "硬碰撞"是指具有真实物理表面的碰撞行为，"公差"是指真实发生碰撞的深度。如果设置公差为 0.020m，那么代表碰撞深度只有超过 0.020m 才会被认为是有效碰撞，此时已经发生了物理碰撞行为，且已经撞进去了 0.020m 或更深的深度。如果公差（碰撞深度）小于 0.020m，就不认为是有效碰撞，也不会被检测出来。这样可以在一定程度上减少无效的碰撞数量，因为很多小的碰撞在施工现场很容易就能解决，没必要完全在设计模型当中解决，否则会极大地增加设计阶段的工作量。硬碰撞通常用于检测如管线穿梁、给排水管线与空调管线间碰撞等情况。
>
> "间隙"即间隙碰撞，俗称为软碰撞，是指没有发生真实的物理表面接触，而是类似于一个安全距离的检测行为。如果选择此种碰撞类型，后面所设置的公差将代表的是如果小于此安全距离，将被认为是不符合设计要求的，属于有效的碰撞行为，同时也会出现在检测结果中。间隙通常用于判断两组平行图元间的间距，如带有保温层要求的管线间、预留的保温层空间及检修空间等。
>
> "重复项"即重复项碰撞，主要是用来检测同一位置是否有重复的模型，如同一个位置绘制了两段同样长度的管道，或者同一位置放置了两台相同的设备。此功能可以帮助建模软件检查重复放置的模型，以提高统计或跟算量相关的准确性。

（6）单击"运行测试"，便会进入碰撞"结果"选项卡，这样就模拟完成了暖通与结构两个专业之间的碰撞。

（7）"规则"选项卡的设置。因为有些碰撞是合理的，或者是不重要的，又或者是需要忽略的，而如果这些情况不被排除掉，那么碰撞结果的使用效率可能会被降低。所以，应该定制一些例外的"规则"。默认情况下，可以直接使用的规则有图 7.21 所示的四种。

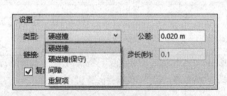

图 7.20　碰撞类型设置

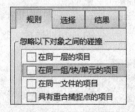

图 7.21　规则

> **小贴士**
>
> "在同一层的项目"：这里"层"指的是"楼层"的意思，在"选择树"中如果选择了这个规则，那么将不会检查本楼层内所有对象的碰撞，但仍会检查本层之外的其他层。
>
> "在同一组/块/单元的项目"：如一个复合构件由多个零件组成，零件之间的碰撞不参与碰撞检查。

"在同一文件的项目":忽略同一个专业中的碰撞,即暖通风和水之间不做碰撞检查,此种情况应该会用于综合碰撞检查。

"具有重合捕捉点的项目":中心线连接完整的构件不参与碰撞。例如,管道与管路附件(阀门)和弯头在连接完好的情况下,虽然有物理接触,但不参与碰撞。

以上规则是不需要定制,直接就可以拿来用的。还有一些规则是需要根据某些特定的选择集或特征值来定制的,单击"规则"选项卡右下方的"新建"即可看到规则模板,下面列举几个例子(见图7.22)。

图7.22 新建"与选择集相同""指定选择集"碰撞规则

"与选择集相同":如果发生碰撞的构件在同一选择集中,则不报告,这里是一个全专业之间的碰撞范围。例如,"选择A"和"选择B"里有相同的选择集——结构与结构、暖通与暖通等,选择此选项后,碰撞检测发生在专业之间,而不是在专业内部进行检查。

"指定选择集":在指定的两个选择集中发生的碰撞将不会被报告。例如,选择集中的结构与吊顶发生的碰撞不用报告出来,这时就可以用到这个规则。

对于这些定制的规则,大部分情况下,只要选择集做得规范、合理,那么基本都不用定制这些忽略的规则集合。

5. 碰撞结果与定位

(1)在指定好忽略的规则、碰撞类型以及公差后,单击"运行测试"转入碰撞的"结果"选项卡中,这里Navisworks会提供一个统计清单和碰撞列表,如图7.23所示。碰撞类型为暖通与电气,碰撞数量为58个。

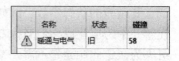

图7.23 碰撞点58个

(2)如图7.24所示,选择"碰撞5",模型上会反映出此碰撞点的现状。

(3)如图7.25所示,选择"碰撞4",从"级别"列和"轴网交点"列中可以看出,此碰撞点位于F1层3m左右,处在S-9轴左侧1m与W-5轴交点处,碰撞深度为0.101m。

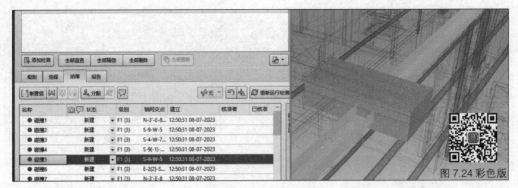

图 7.24 碰撞 5 的显示

名称			状态		级别	轴网交点	建立	核	说明	距离
● 碰撞1			新建	▼	F1 (3)	N-3'-E-8(1)	12:50:31 08-…		硬碰撞	-0.121 m
● 碰撞2			新建	▼	F1 (3)	S-9-W-5	12:50:31 08-…		硬碰撞	-0.109 m
● 碰撞3			新建	▼	F1 (3)	S-4-W-7(2)	12:50:31 08-…		硬碰撞	-0.102 m
● 碰撞4			新建	▼	F1 (3)	S-9(-1)-W-5	12:50:31 08-…		硬碰撞	-0.101 m
● 碰撞5			新建	▼	F1 (3)	S-9-W-5	12:50:31 08-…		硬碰撞	-0.094 m

图 7.25 级别、轴网交点、碰撞深度

（4）单击"显示设置"，并勾选"高亮显示所有碰撞"复选框，还可以看到模型中暖通与电气专业所有碰撞点同时高亮显示，以帮助优先判断碰撞密集点的位置，如图 7.26 所示。

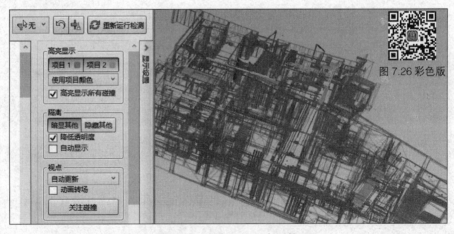

图 7.26 高亮显示所有碰撞

（5）在审查碰撞结果的过程中，如果发现某些碰撞行为是合理的、可以存在的，建议调整其碰撞的状态参数。例如，在结构专业和给排水专业的碰撞检测中，给排水专业立管在管井中跨层建模，但结构专业建模时并未在管井中留洞，造成立管与楼板的碰撞，此时可人为认定此碰撞是不需要考虑的，在软件检查出此类问题时，可以给它设置一个状态参数为"已解决"，如图 7.27 所示。

（6）等所有问题都进行归类后，重新进行检查的时候，可以在对应的测试名称上右击，选择"精简"选项，如图 7.28 所示，排除已解决的问题，这样可以有效减少后期二次检查的工作量，以提高效率。

图 7.27　设置为"已解决"

图 7.28　设置为"精简"

6. 碰撞报告与交互

1）碰撞报告

所有碰撞点都汇总完成之后，就可以整合并导出碰撞报告。此报告可以作为某阶段成果的总结，为下一版碰撞结果留作数据对比。当然更重要的是，可以把此碰撞报告提供给没有安装 Navisworks 的设计师，作为修改设计成果的依据，进行模型调整。

碰撞报告与交互

（1）切换到"报告"选项卡，勾选需要导出的碰撞信息。如图 7.29 所示，建议将"碰撞点""距离""图像""轴网位置"复选框都勾选上，状态一般只勾选"新建"和"活动"复选框即可，"报告格式"选择 HTML 表格类型。报告类型有三种，分别是"当前测试""全部测试（组合）"和"全部测试（分开）"。一般选择"当前测试"或"全部测试（分开）"，这样可以把当前或所有已经整理好的碰撞信息全部按测试分类进行批量导出。导出时，只要按以上设置，单击"写报告"按钮即可。

图 7.29　写报告的设置

（2）导出的报告是网页格式的 HTML，并配有碰撞相关的信息以及截图，其中截图还可以单击放大，如图 7.30 所示。

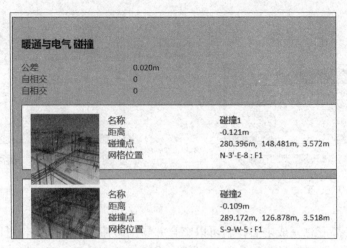

图 7.30　碰撞报告

此碰撞报告中的内容与导出之前在 Navisworks 环境中的类似，不过会多一些与碰撞模型相关的具体信息，如对应的模型项目 ID、尺寸以及相关高程信息，而且还可以在单击表中图像之后放大观察，便于判断碰撞的行为。各设计师根据碰撞报告中有碰撞模型构件的楼层与轴网信息，可以在 Revit 设计模型中进行自动、手动查找定位和设计修正。

2）碰撞交互

在 Navisworks 里通过 Clash Detective 功能查找出来的碰撞结果，可以通过 Navisworks 的"返回"功能自动查找构件的定位，具体操作步骤如下。

（1）打开 Navisworks 碰撞结果，选中某个碰撞点，如碰撞 1，如图 7.31 所示，展开底部的"项目"面板，会看到产生碰撞的两个构件实例分别都被选中。

图 7.31　选中碰撞 1

（2）单击"项目"面板中"返回"按钮，如图 7.32 所示。若此时对应的 Revit 模型在本机处于打开状态，那么在 Revit 环境中对应的碰撞构件就会处于被选中状态。这里有个前提条件，即在使用"返回"功能前，需要在 Revit 的导出插件面板里激活 Navisworks SwitchBack 2020 功能，才可以正常使用"返回"功能，如图 7.33 所示。

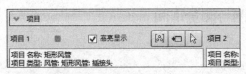
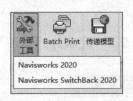

图 7.32 "返回"按钮　　　　　图 7.33 激活 Navisworks SwitchBack 2020 功能

（3）如果设计师的计算机上没有安装 Navisworks Manage，那就需要通过之前导出的碰撞报告，根据碰撞点所在的楼层以及轴网交点信息在 Revit 模型中手动进行定位了。也可以直接根据图元 ID 号进行查找，直接选定构件，再通过上面所说的三维剖切插件进行具体定位和修改。操作如下：根据碰撞报告提供的 ID 号，单击 Revit "管理"选项卡→"查询"面板→"按 ID 选择"工具，如图 7.34 所示。确定后，此 ID 号的构件就被选中了，这时再使用之前所说的三维剖切插件，就可以很好地定位相关构件了。

图 7.34 "按 ID 选择"工具

（4）在模型调整完成之后，可以再次导出每个专业的 nwc 模型，覆盖之前的同名文件，然后再次运行碰撞检查功能，审阅优化后的设计成果。

（5）碰撞报告经常使用的另外一种方式是把当前碰撞结果的视点在"保存的视点"中保存下来，以便于快速查看当前的碰撞结果。例如，可以先选中"测试"选项组中的某个碰撞名称，然后在"报告"选项卡中把"报告格式"设置为"作为视点"，并勾选"保持结果高亮显示"复选框，如图 7.35 所示，最后单击"写报告"按钮，这样就把选中的碰撞结果提取并保存到当前 Navisworks "保存的视点"窗口中。

"保存的视点"显示如图 7.36 所示的结果，选中视点后，可显示碰撞现状。

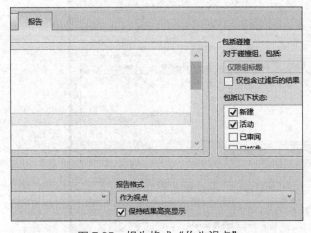
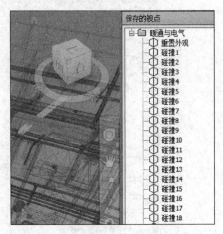

图 7.35 报告格式"作为视点"　　　　　图 7.36 保存的视点

完成的文件见"工作任务 7\F1-All 碰撞检测完成 .nwd"。

典型工作 7.2　完成地下车库工程的碰撞检测与测量审阅

工作场景描述

地下车库工程管线种类和数量众多，在 BIM 工程师陈某所做的碰撞检测工作中有将近一半的工程是地下车库工程。陈某使用 Navisworks 中的 Clash Detective 工具进行碰撞检测，并导出碰撞检测报告。

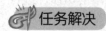任务解决

1. 执行各专业间的碰撞检测

（1）打开"工作任务 7\ 地下车库工程 \ 地下车库工程 .nwd"场景文件。

（2）切换至"室内视点"视点位置，该视点显示了地下室机电主要管线的布置情况。

（3）如图 7.37 所示，单击"常用"选项卡→"工具"面板→ Clash Detective 工具，打开 Clash Detective 对话框。

执行各专业间的碰撞检测

图 7.37　Clash Detective 工具

（4）在 Clash Detective 对话框中，首先添加冲突检测项目。如图 7.38 所示，单击左上方碰撞检测项目展开符，展开该选项组。单击"添加检测"按钮，在列表中新建碰撞检测项目，Navisworks 默认命名为"测试 1"；双击"测试 1"进入名称编辑状态，修改当前冲突检测项目名称为"暖通 vs 结构检测"，按 Enter 键确认。

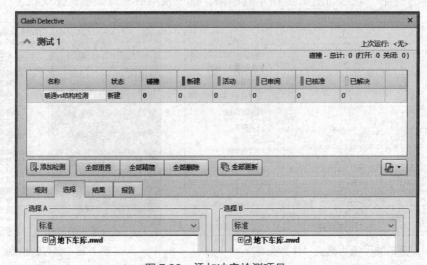

图 7.38　添加冲突检测项目

（5）任何一个冲突检测项目都必须指定两组参与检测的图元选择集。如图7.39所示，Navisworks 显示了"选择 A"和"选择 B"两个选择树。确认"选择 A"中选择树的显示方式为"标准"，选择"暖通 .nwc"文件，该文件为当前场景的暖通专业模型文件；底部"面碰撞" 处于激活状态，即所选择的文件中仅曲面（实体）类图元参与冲突检测；使用类似的方式指定"选择 B"为"地下车库模型 .nwc"文件，该模型为地下车库结构模型。

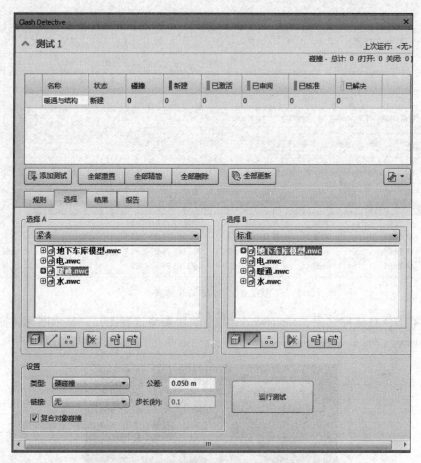

图 7.39　冲突检测测试设置

（6）如图7.40所示，在"设置"选项组中，设置"类型"为"硬碰撞"，该类型的碰撞检测将空间上完全相交的两组图元作为碰撞条件；设置"公差"为 0.050m，当两图元间碰撞的距离小于该值时，Navisworks 将忽略该碰撞；默认勾选"复合对象碰撞"复选框，即仅检测第（5）步所指定选择集中的复合对象层级模型图元。完成后单击"运行测试"按钮，Navisworks 将根据指定的条件进行冲突检测运算。

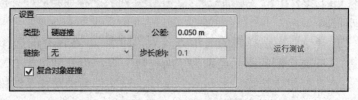

图 7.40　冲突检测设置

（7）运算完成后，Navisworks 将自动切换至 Clash Detective 的"结果"选项卡，如图 7.41 所示。本次冲突检测的结果将以列表的形式显示在"结果"选项卡。

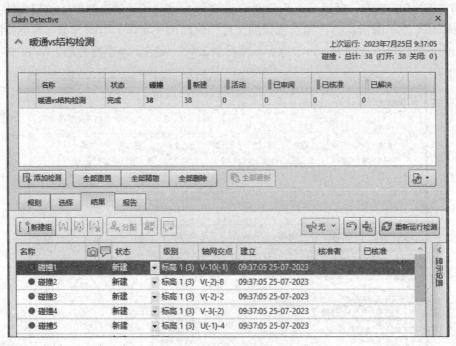

图 7.41 冲突检测结果

（8）单击任意碰撞结果，Navisworks 将自动切换至该视图，以显示图元碰撞的结果，如图 7.42 所示。

图 7.42 碰撞结果显示

（9）重复第（4）步，单击"添加检测"，在任务列表中添加新的冲突检测任务，修改名称为"电 vs 水检测"。

（10）设置"选择 A"中选择树的显示方式为"标准"，在保存的选择集列表中选择"电"搜索集，确认冲突检测的图元类别为"面碰撞"；设置"选择 B"中选择树显示方式为"标准"，在选择树中选择"水 .nwc"文件，该文件为消防栓系统模型文件，确认冲突检测的图元类别为"面碰撞"，如图 7.43 所示。

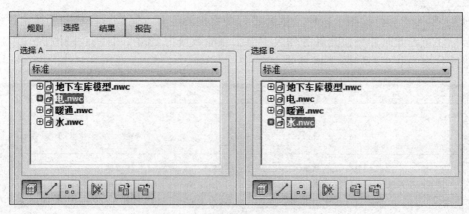

图 7.43 "电 vs 水"冲突检测

（11）确认冲突检测的"类型"为"硬碰撞"；设置"公差"为 0.050m，即仅检测碰撞距离大于 0.05m 的碰撞；确认勾选"复合对象碰撞"复选框，完成后单击"运行检测"按钮，对所选择图元进行冲突检测运算。

（12）冲突检测运算完成后，Navisworks 将自动切换至"结果"选项卡，在 Clash Detective 任务列表中列出本次检测共发现碰撞 0 个，注意其中状态为"新建"的冲突结果为 0 个，如图 7.44 所示。

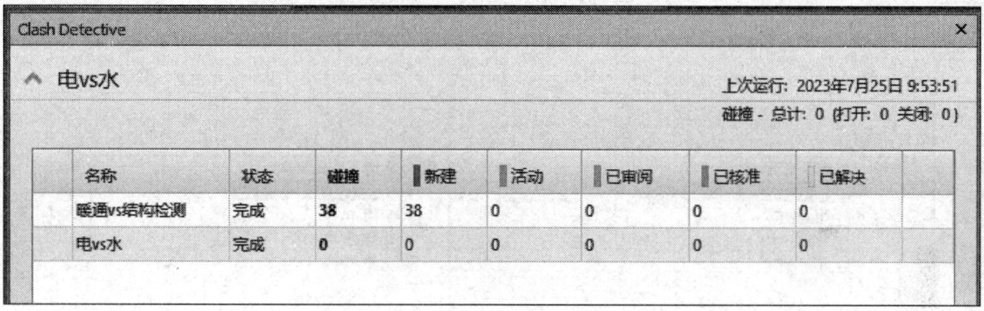

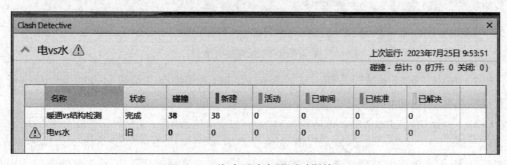

图 7.44 冲突检测结果

（13）切换至"选择"选项卡，修改"公差"为 0.010m，单击选择集空白处任意位置，如图 7.45 所示。注意，此时 Clash Detective 任务列表中将出现过期符号 ⚠，表明该任务中显示的检测结果已经过期，同时显示任务"状态"为"旧"。

图 7.45 修改后冲突检测过期符号

（14）单击"运行检测"按钮，重新进行冲突检测运算。完成后将自动切换至"结果"选项卡。注意，此时冲突检测任务列表中显示碰撞数量为 18 个，且新建碰撞状态为 18 个，活动碰撞状态为 0 个，如图 7.46 所示。

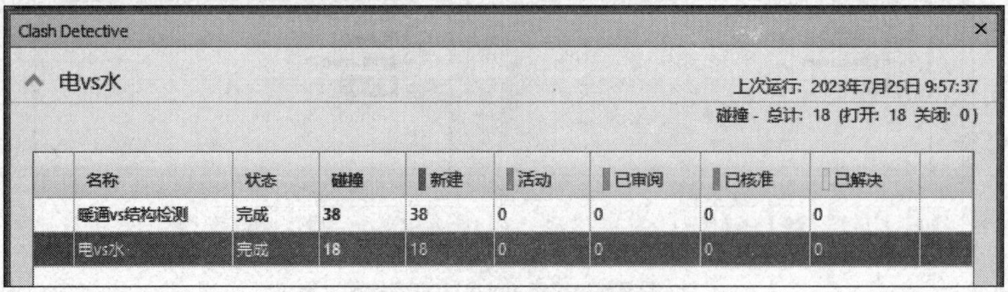

图 7.46 新冲突检测结果

（15）单击冲突检测任务列表下方的"添加检测"，新建名称为"结构重复项检测"的冲突检测任务。

（16）如图 7.47 所示，设置"选择 A"中选择树显示方式为"标准"，选择"地下车库模型.nwc"文件，确认冲突检测的图元类别为"面碰撞"；同样设置"选择 B"中选择树显示方式为"标准"，选择"地下车库模型.nwc"文件，确认冲突检测的图元类别为"面碰撞"，设置冲突检测"类型"为"重复项"；设置"公差"为 0.000m，确定勾选"复合对象碰撞"复选框。

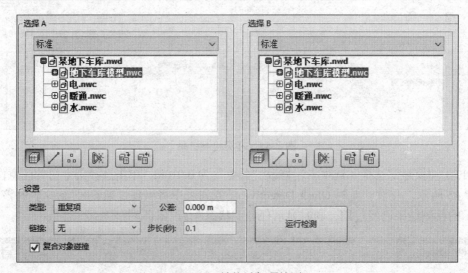

图 7.47 结构重复项检测

（17）单击"运行测试"按钮，运算完成后将自动切换至"结果"选项卡。单击任意冲突检测结果，Navisworks 将切换视点以显示该冲突结果。

（18）单击 Clash Detective 对话框底部"项目"的展开符，展开"项目"选项组。取消勾选"项目 2"中的"高亮显示"复选框，注意视图窗口中重复图元将不再高亮显示，如图 7.48 所示。单击"选择"工具，选择该图元。在"项目工具"上下文选项卡的"可见性"面板中单击"隐藏"工具，隐藏该图元。注意，场景中还存在完全相同的图元。

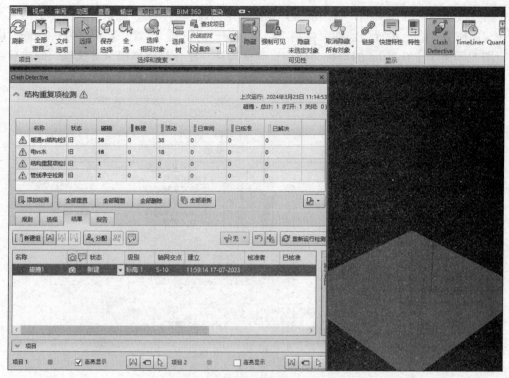

图 7.48 结构重复项检测结果显示

2. 执行净间距检测

除空间接触式冲突检测，Navisworks 还可以检测管道的净间距是否符合安装要求。下面以管道最小安装间距要求 0.250m 为例，查看指定管道间距是否满足此净间距要求。

（1）进入"管线净间距检测"保存的视点。新建名称为"管线净间距检测"的新冲突检测任务，按住 Ctrl 键，依次选取图中所示三根喷淋管道，如图 7.49 所示。

执行净间距检测

图 7.49 管道选择

（2）单击"选择 A"选项组中的"使用当前选择" ，将当前选择集指定为碰撞"选择 A"，确认冲突检测的图元类别为"面碰撞"；使用相同的方式单击"选择 B"选项组中的"使用当前选择"，将当前选择集图指定为碰撞选择 B，确认冲突检测的图元类别为"面碰撞"；设置当前冲突检测"类型"为"间隙"，设置"公差"为 0.250m，即所有图元间距小于 0.250m 的均视为碰撞；确认勾选"复合对象碰撞"复选框，完成后单击"运行测试"进行冲突检测运算，如图 7.50 所示。

图 7.50　管道净间距检测设置

（3）完成后，Navisworks 将自动切换至"结果"选项卡。

（4）选择冲突检测任务列表中的"电 vs 水检测"，Navisworks 将在 Clash Detective 的"结果"选项卡列表中显示该任务的冲突检测结果。切换至其他任务名称，即可查阅相应任务下的检测结果，注意，Navisworks 分别在不同的任务中记录了已经完成的冲突检测结果。

（5）单击冲突检测任务列表下方的"全部重置"，Navisworks 将清除任务列表中所有任务的已有结果，如图 7.51 所示。单击"全部更新"，Navisworks 将重新对任务列表中的冲突检测任务进行检测，以得到最新的结果。

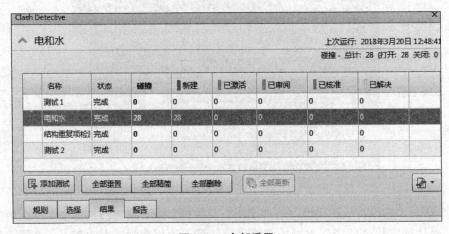

图 7.51　全部重置

（6）在列表中单击"导出碰撞检测"选项，弹出"导出"对话框，可以将冲突检测列表中的任务导出为 XML 格式的文件，以备下次使用"导入碰撞检测"选项时，导入项目中再次进行检测，如图 7.52 所示。

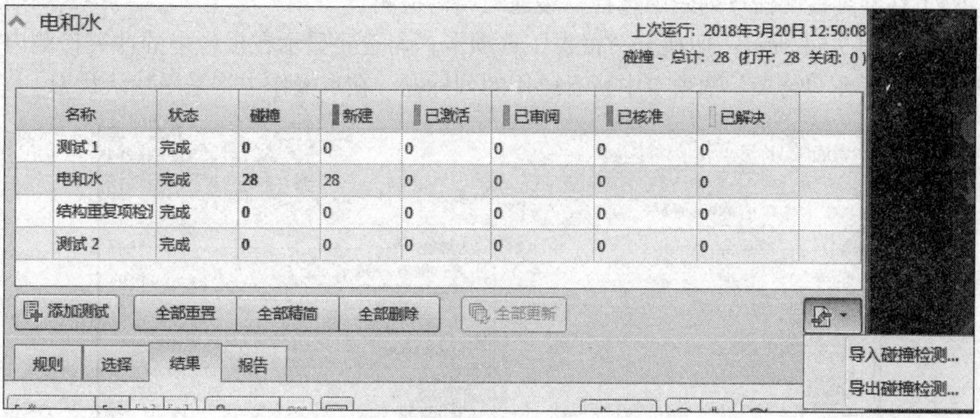

图 7.52　导入 / 导出碰撞检测

至此完成本练习操作。完成的文件见"工作任务 7\ 地下车库工程 \ 地下车库碰撞检测完成 .nwd"。

> **小贴士**
>
> 　　除"硬碰撞"，Naviswoks 还提供了"硬碰撞（保守）"的碰撞检测方式，该方式的使用方法与"硬碰撞"完全相同，不同之处在于使用"硬碰撞（保守）"进行冲突检测时，Navisworks 在计算两组对象图元间是否冲突时，采用更为保守的算法，将得到更多的冲突检测结果。
>
> 　　Navisworks 中所有模型图元均由大量三角形面构成。"硬碰撞"时，Navisworks 将计算两图元三角形的相交距离。对于两个完全相等且在末端轻微相交的图元（如管道），构成其主体图元的三角形都不相交，则会在"硬碰撞"计算时忽略该碰撞，而"硬碰撞（保守）"的方式将计算此类相交冲突的情况。对于 Navisworks 来说，"硬碰撞（保守）"是一种更加彻底、更加安全的碰撞检查方法，但该方法不仅增加运算量，还可能出现错误的运算结果。
>
> 　　Navisworks 利用任务列表来管理不同的冲突检测内容，并可使用"全部重置""全部更新"等功能对任务列表进行更新和修改。如果要重置指定的任务，可以在任务名称上右击，在弹出图 7.53 所示的快捷菜单中选择"重置"选项，重置当前选择的任务；选择"运行"选项，可重新运行冲突检测。

图 7.53　快捷菜单

3. 导出碰撞检测报告

Navisworks 可以将 Clash Detective 中检测的冲突检测结果导出为报告文件，以方便讨论和存档记录。用户可通过使用"报告"面板将已有冲突检测报告导出。

下面通过任务演练，说明冲突检测报告的导出步骤。

导出碰撞检测报告

（1）打开"工作任务 7\地下车库工程\地下车库碰撞检测完成.nwd"。

（2）打开 Clash Detective 面板，在该面板中已完成名称为"暖通与结构检测""电 vs 水检测"和"结构重复项检测"的冲突检测任务。

（3）在冲突检测任务列表中选择"暖通与结构检测"。

（4）如图 7.54 所示，切换至"报告"选项卡，勾选要显示在报告中的冲突检测内容，该内容显示了在"结果"选项卡中所有可用的列标题。在本操作中将采用默认状态。

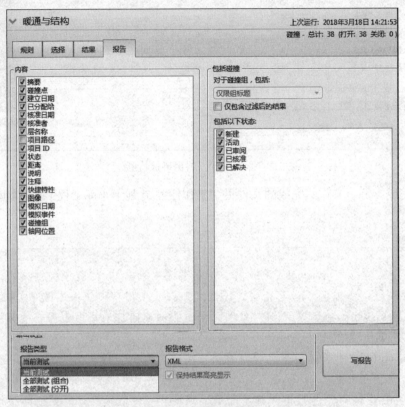

图 7.54　冲突报告设置

（5）在"包括碰撞"选项组中展开"对于碰撞组，包括"下拉菜单，选择"仅限组标题"选项；取消勾选"仅包含过滤后的结果"复选框；在"包括以下状态"中勾选所有冲突结果状态，即在将要导出的冲突检测报告中，将包含所有状态的冲突结果。

（6）在"输出设置"选项组中设置"报告类型"为"当前测试"，即仅导出"暖通与结构"任务中的冲突检测报告；设置"报告格式"为"HTML（表格）"格式。

（7）单击"写报告"，弹出"另存为"对话框。浏览至任意文件保存位置，单击"保存"按钮，Navisworks 将输出冲突检测报告。注意，默认文件名与当前冲突检测任务名称相同。

（8）使用 IE、Chrome、FireFox 等 HTML 浏览器打开并查看导出报告的结果，如图 7.55 所示。

（9）重复第（4）步操作，然后设置"报告格式"为"作为视点"，勾选"保持结果高亮显示"复选框，如图 7.56 所示。

工作任务 7　碰撞检查与审阅 | 137

图 7.55　导出报告结果

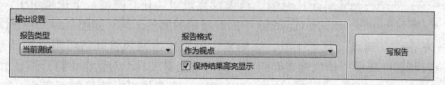

图 7.56　结果高亮显示

（10）再次单击"写报告"，此时 Navisworks 将当前任务结果中所有冲突视点保存至"保存的视点"中，如图 7.57 所示。注意，"结果"选项卡中设置为碰撞组的部分，其视点也按分组的方式导出。

至此完成本练习操作。完成的文件见"工作任务 7\ 地下车库工程 \ 地下车库冲突检测报告完成 .nwd"。

> **小贴士**
>
> 　　在"包括碰撞"的选项组中，只有被选择的碰撞状态才能显示在报告中。用户可以设置碰撞组的报告导出方式，包括"仅限组标题""仅限单个碰撞"和"所有内容"。其中，"仅限组标题"将只在报告中显示组的标题和设置信息，对于组中包含的实际碰撞结果将不显示。"仅限单个碰撞"选项将在报告中忽略碰撞组的特性，组中的每个碰撞都将显示在报告中。如果在"内容"中勾选"碰撞组"复选框，在生成报告时，Navisworks 将对一个组中的每个碰撞，都向报告中添加一个名为"碰撞组"的额外字段以标识它。"所有内容"选项将既显示碰撞组的特性，又显示组中各碰撞的单独特性。
> 　　如果当前场景中保存了多个冲突检测任务，用户还可以在"输出设置"中设置导出的"报告类型"为"当前测试"，或是以"组合"或"分开"的方式导出全部冲突检测任务。其中，"组合"的方式将所有冲突检测任务导出在单一的成果文件中，而"分开"的方式将为每个任务创建一个冲突检测报告。

图 7.57　保存视点

对冲突检测进行测量和审阅

4. 对冲突检测进行测量和审阅

1) 测量

Navisworks 提供了 "点到点" "点直线" "角度" 和 "区域" 等多种不同的测量工具，用于测量图元的长度、角度和面积。用户可以通过 "审阅" 选项卡→ "测量" 面板来访问和使用这些工具。

通过实践，说明 Navisworks 中测量工具在地下车库工程案例中的使用方式。

（1）打开 "工作任务 7\ 地下车库工程 \ 地下车库碰撞检测报告完成 .nwd"，如图 7-58 所示，单击 "审阅" 选项卡→ "测量" 面板右下方的 按钮，展开打开 "测量工具" 对话框。

图 7.58　单击 按钮

（2）如图 7.59（a）所示，在 "测量工具" 对话框中单击 "选项" 按钮，将打开 "选项编辑器" 对话框，并自动切换至 "测量" 选项设置窗口。在 "测量" 下拉菜单中，显示了 Navisworks 中所有可用的测量工具，如图 7.59（b）所示。

（3）单击 "点到点" 测量工具，在场景中分别单击两风管间边缘附近的任意位置，Navisworks 将标注显示所拾取两点间距离，同时 "测量工具" 对话框中将分别显示所拾取的两点 X、Y、Z 坐标值，两点间的 X、Y、Z 坐标值差值以及测量的距离值，如图 7.60 所示。

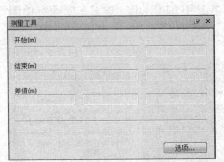
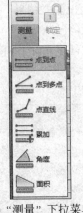

(a) "测量工具" 对话框　　(b) "测量" 下拉菜单

图 7.59　选项编辑器　　　　　　　　　图 7.60　点到点测量

> **注意**
> 测量的长度单位取决于 Navisworks 在 "选项编辑器" 对话框中对于 "显示单位" 的设置。

（4）按 F12 键，打开 "选项编辑器" 对话框，如图 7.61 所示。切换至 "捕捉" 选项，在 "拾取" 选项组中，勾选 "捕捉到顶点" "捕捉到边缘" 和 "捕捉到线顶点" 复选框，即 Navisworks 在测量时将精确捕捉到对象的顶点、边缘以及线图元的顶点；设置 "公差" 为 5，该值越小，在捕捉时光标越靠近对象顶点或边缘。完成后单击 "确定" 按钮，退出

"选项编辑器"对话框。

（5）展开"测量"面板中的"测量"下拉菜单，在其中选择"点直线"工具，此时"测量工具"对话框中的"点直线"工具也将激活，如图7.62所示。

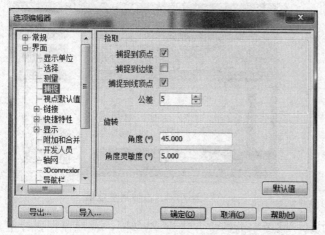
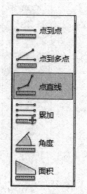

图7.61 "选项编辑器设置"对话框　　　　图7.62 点直线测量

（6）适当缩放视图，放大显示视图中楼板洞口位置。移动鼠标指针至洞口顶点位置，当捕捉至洞口顶点位置时，将出现捕捉符号；依次沿洞口边缘捕捉其他顶点，并最后再捕捉洞口起点位置，完成后按Esc键退出当前测量，Navisworks将累加显示各测量的长度，该长度为洞口周长。

（7）单击"测量"下拉菜单中的"面积"工具，依次捕捉并拾取洞口顶点，Navisworks将自动计算捕捉点间形成的闭合区域面积。按Esc键完成测量。注意，Navisworks将清除上一次测量的结果。

（8）切换至"测量"视点。按Ctrl+1组合键进入选择状态。按住Ctrl键，选择任意两根消防管线。

（9）此时"测量工具"对话框中的"最短距离"工具变为可用。单击该工具，Navisworks将在当前视图中两图元最近点位置自动生成尺寸标注。

Navisworks还提供了测量方向"锁定"工具，用于精确测量两图元间距离。具体操作如下。

（1）切换至"测量"视点。使用"点到点"测量工具，展开"测量"面板中的"锁定"下拉菜单，如图7.63所示。在"锁定"下拉菜单中选择"Z轴"，即测量值将仅显示沿Z轴方向值。

（2）移动鼠标指针至风管底面，捕捉至底面时单击，作为测量起点；再次移动鼠标指针至地面楼板位置，注意无论鼠标指针移动至何位置，Navisworks都将显示测量起点沿Z轴方向至鼠标指针位置的距离。单击楼板任意位置完成测量，Navisworks将以蓝色尺寸线显示该测量结果，如图7.64所示。

（3）使用类似的方式，分别锁定X轴、Y轴测量风管的宽度，结果如图7.65所示。注意，Navisworks分别以红色和绿色（扫描二维码查看）显示X轴和Y轴方向的测量结果。

图7.63 "锁定"下拉菜单　　　　图7.64　Z轴测量结果

（4）使用"点到点"测量工具，修改当前锁定方式为"Y轴"。移动鼠标指针至最左侧管线位置，注意Navisworks仅可捕捉至管道表面边缘。重复按＋键，将出现缩放范围框，直到该范围框显示为最小。

（5）保持鼠标指针位置不动。按住Enter键不放，Navisworks将放大显示光标所在位置图元。如图7.66所示，移动鼠标指针捕捉管道中心线，单击，作为测量起点，完成后松开Enter键，Navisworks将恢复视图显示。

图7.65　X轴测量结果　　　　　　图7.66　放大显示

（6）使用类似的方式，移动鼠标指针至右侧相邻管线位置，按住Enter键不放，Navisworks将放大显示该管线。捕捉至该管线中心线位置，单击作为测量终点，完成后松开Enter键，Navisworks将恢复视图显示。

注意，此时标注了两管中心线距离，如图7.67所示。

（7）切换至"位置对齐"视点。该视点显示了风管与结构梁碰撞。需要对风管进行移动以验证是否有足够的空间安装此风管。

（8）使用"点到点"测量方式，确定锁定方式为"Z轴"，如图7.68所示，分别捕捉至风管及梁边缘，生成测量标注，其距离为0.150m。注意标注时拾取的顺序。

图 7.67 彩色版

图 7.68 彩色版

图 7.67 管道间距离

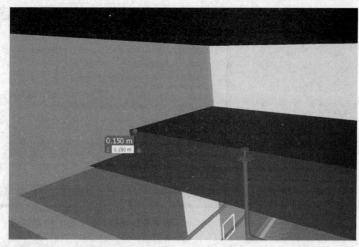
图 7.68 测量标注

至此完成测量操作练习。完成的文件见"工作任务 7\地下车库工程\测量完成 .nwd"。

在使用"测量"工具时,用户可以随时按 Enter 键对光标所在区域进行视图放大显示,以便于更精确捕捉测量点。缩放的幅度由缩放范围框大小决定,按 + 或 - 键可以对范围框缩小或放大,范围框越小,放大的倍率越高。

Navisworks 提供了多种不同的测量方式,各测量方式的图标、名称和功能见表 7.1。请读者自行尝试 Navisworks 中各测量工具的使用方式。限于篇幅,在此不再赘述。

表 7.1 各测量方式的图标、名称和功能

图标	名称	功能
	点到点	测量两点之间的距离
	点到多点	以一点为起点,到多个不同点间的距离长度,如找到最短距离
	点直线	连续测量线段并累加总长度,如测量周长
	累加	多条任意线段的长度总和,如测量不同管道的长度总和
	角度	测量任意三点连线所形成的角度值
	面积	测量任意二点以上封闭区域的面积
	测量最短距离	所选择两个图元间的最短距离
	清除	消除视图中所有已有测量标注,等同于在测量模式下右击
	转换为红线批注	将测量标注转换为红线并保存于当前视点中

如图 7.69 所示,在"选项编辑器"对话框的"测量"选项卡中,测量的"线宽""在场景中显示测量值"以及"使用中心线"等可自行选择。当勾选"三维"复选框时,Navisworks 会根据拾取图元的空间坐标将测量标注在三维空间中,该测量标注值可能会被其他模型图元遮挡,因此一般不建议采用。

在测量时,用户可通过快捷键快速切换至"锁定"状态来限定测量的方向,以得到精确的测量值。各锁定功能及说明见表 7.2。

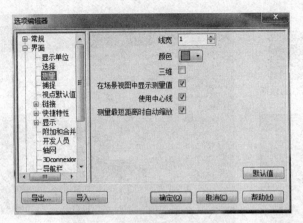

图 7.69 选项编辑器中测量设置

表 7.2 各锁定功能及说明

功 能	快捷键	使 用 说 明	测量线颜色
X 锁定	X	沿 X 轴方向测量	红色
Y 锁定	Y	沿 Y 轴方向测量	绿色
Z 锁定	Z	沿 Z 轴方向测量	蓝色
垂直锁定	P	先指定曲面，并沿该曲面法线方向测量	紫色
平行锁定	L	先指定曲面，并沿该曲面方向测量	黄色

2）审阅

在 Navisworks 中，用户还可以使用"审阅"选项卡中的"红线批注"工具，随时对发现的场景问题进行记录与说明，以便于在协调会议时，随时找到审阅的内容。"红线批注"的结果将保存在当前视点中。

通过以下具体操作，说明在 Navisworks 中使用审阅工具的一般步骤。

（1）打开"工作任务 7\ 地下车库工程 \ 审阅 .nwd"场景文件。

（2）切换至"红线批注"视点。该位置显示了与梁冲突的桥架图元，需要对该冲突进行批注，以表明审批意见。

（3）适当缩放视图，在"保存的视点"工具窗口中将缩放后视点位置保存为"桥架批注视图"。

（4）切换至"审阅"选项卡，如图 7.70 所示。在"红线批注"面板中展开"绘图"下拉菜单，在其中选择"椭圆"工具；设置"颜色"为"红色"，设置"线宽"为"3"。

（5）如图 7.71 所示，移动鼠标指针至图中位置，单击并按住鼠标左键，向右下方拖动鼠标指针直到目标位置，松开鼠标左键，Navisworks 将在图示范围内绘制椭圆批注线。

（6）设置"红线批注"面板中批注"颜色"为"黑色"。单击"红线批注"面板中的"文本"工具，在上一步生成的椭圆红线中间任意位置单击，弹出如图 7.72 所示的对话框，输入批注意见，单击"确定"按钮，退出该对话框。

（7）Navisworks 将在视图中显示当前批注文本，如图 7.73 所示。

（8）使用"点到点"测量工具，按锁定键将测量锁定为"Z 轴"模式。测量桥架上侧边缘与梁底侧边缘距离。

图 7.70 "审阅"选项卡

图 7.71 椭圆批注线

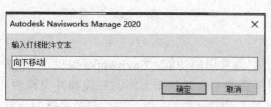

图 7.72 批注文本输入

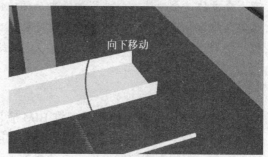

图 7.73 批注文本显示

（9）在"保存的视点"对话框中切换至"风管批注视图"视点，注意已有的红线批注将再次显示在视图窗口中，同时Navisworks将显示上一步中生成的测量尺寸。

（10）修改"红线批注"面板中批注"颜色"为红色。如图7.74所示，单击"测量"面板中的"转换为红线批注"工具 ，Navisworks将测量尺寸转换为测量红线批注。

图 7.74 转换为红色批注

（11）适当缩放视图，注意当前视图场景中所有红线批注消失。在"保存的视点"对话框中切换至"风管批注视图"视点，所有已生成的红线批注将再次显示。

至此完成红线批注练习。完成的文件见"工作任务 7\ 地下车库工程 \ 地下车库审阅完成 .nwd"。

注意，当使用"转换为红线批注"工具将测量结果转换为红线批注时，Navisworks 会自动保存当前视点文件。Navisworks 可以建立多个不同的视点以存储不同的红线批注内容。

除椭圆，Navisworks 还提供了云线、线、自画线、线串等其他红线批注形式，使用方法与椭圆类似。

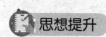 思想提升

建筑虚拟仿真技术赋能建筑产业绿色化、低碳化发展

随着新一代技术的不断发展，数字化已成为促进产业升级的新型驱动力。

建筑虚拟仿真是建筑信息化的重要技术，是产业数字化发展的重要抓手，它为跨专业、跨阶段之间的协同作业提供了技术支持，使各单位间的信息化合作成为可能。同时，建筑虚拟仿真技术也是建筑节能降碳的重要工具。从设计、施工到运维，通过建筑虚拟仿真技术积累的建筑用能量、排放量数据库，可实现全流程的数字化管理，提高建筑用能管理的精准度；在设计阶段，通过建筑虚拟仿真技术实行跨专业间的协同设计，不仅能节约设计时间，还能使建筑设计与节能设计之间的设计参数实现共享以提高协同设计效率；在施工阶段，通过建筑虚拟仿真技术进行模拟，可提前发现问题，节约施工成本，并能够精确控制物料用量以减少建筑垃圾；在运维阶段，基于建筑虚拟仿真技术，结合物联网、大数据、移动互联网、云计算等技术，搭建建筑能耗管理平台，可实现日常用能管理、异常能耗预警、智慧节能决策等，协助提升建筑节能管理的效率。

我们坚持绿水青山就是金山银山的理念，坚持山水林田湖草沙一体化保护和系统治理，全方位、全地域、全过程加强生态环境保护，生态文明制度体系更加健全，污染防治攻坚向纵深推进，绿色、循环、低碳发展迈出坚实步伐，生态环境保护发生历史性、转折性、全局性变化，我们的祖国天更蓝、山更绿、水更清。

工作总结

三维模型间的冲突检测是三维 BIM 应用中最常用的功能。Navisworks 提供了 Clash Detective 模块，用于完成三维场景中所指定任意两个选择集图元间的碰撞和冲突检测。Navisworks 将根据指定的条件，自动找到干涉冲突的空间位置，并允许用户对碰撞的结果进行管理。

Navisworks 还提供了测量、红线标记等工具，用于在 Navisworks 场景中进行测量，并对场景中发现的问题进行红线标记与说明。

工作评价

工作评价表

序号	评分项目	分值	评价内容	自评	互评	教师评分	客户评分
1	完成一套碰撞检测流程	40	1. 对 Revit 模型进行分楼层导出，7 分 2. 在 Navisworks 中进行各专业模型合并，8 分 3. 碰撞集合与颜色图例，5 分 4. 碰撞规则设置，7 分 5. 碰撞结果与定位，5 分 6. 碰撞报告与交互，8 分				
2	完成地下车库工程的碰撞检测与测量审阅	60	1. 执行各专业间的碰撞检测，25 分 2. 执行净间距检测，10 分 3. 导出碰撞检测报告，10 分 4. 对冲突检测进行测量和审阅，15 分				
总 分							

工作任务 8　制作场景动画

工作任务书

项　目	具　体　内　容
岗位标准	1.《建筑信息模型技术员国家职业技能标准》(2021年版)，职业编码：4-04-05-04 2."1+X"建筑信息模型（BIM）职业技能等级标准
技术标准	《建筑信息模型应用统一标准》(GB/T 51212—2016)、《建筑信息模型施工应用标准》(GB/T 51235—2017)、《建筑信息模型设计交付标准》(GB/T 51301—2018)
技术要求	制作一段显示建筑物的动画，要求 360° 旋转展示 制作车辆运动动画，要求车辆在 4s 内沿 X 方向移动 10m 制作双扇门开启动画，要求双扇门在 3s 内开启 90° 制作柱生长动画，要求一层柱在 6s 内从 0.01 倍的层高增长到一层层高 制作竖向剖分动画，要求 6s 内剖分面从 0m 的高度移动到建筑物顶部 制作相机动画，要求 6s 内场景文件视图从正面旋转至侧面
工作任务	典型工作 8.1　录制动画 典型工作 8.2　制作图元动画 典型工作 8.3　制作剖面动画 典型工作 8.4　制作相机动画
交付内容	录制动画完成 .nwd 平移动画完成 .nwd 旋转动画左扇门旋转完成 .nwd 旋转动画双扇门开启完成 .nwd 缩放动画柱生长动画完成 .nwd 剖面动画完成 .nwd 相机动画完成 .nwd
工作成图 （参考图）	 工作任务8 工作文件

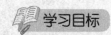 学习目标

1. 知识目标
- 掌握录制动画的方法。
- 掌握图元动画的制作方法，包括"移动动画""旋转动画"和"缩放动画"。
- 掌握"剖面动画"和"相机动画"的制作方法。

2. 能力目标
- 能够制作 360° 旋转展示建筑物的动画。
- 能够制作车辆平移运动的动画。
- 能够制作双扇门的开启动画。
- 能够制作柱生长的动画。
- 能够制作竖向剖分的动画。
- 能够制作相机动画。

Navisworks 提供了录制动画和 Animator 动画功能，用于在场景中制作如开门、汽车运动等的场景动画，增强场景浏览的真实性。

Navisworks 提供了包括图元、剖面、相机在内的 3 种不同类型的动画形式，用于实现如对象移动、对象旋转、视点位置变化等的动画表现。在 Navisworks 中，每个图元均可添加多个不同的动画，多个动画最终形成完整的动画集。将这些场景动画功能与本书工作任务 10 的 4D 施工模拟结合，可以用来模拟更加真实的施工过程。

典型工作 8.1 录制动画

录制动画

工作场景描述

BIM 工程师陈某接到一项工作任务，是制作一段 360° 显示建筑物的视频，该段视频将会加入 BIM 评奖视频中。

陈某使用"受约束的动态观察"旋转建筑物，使之 360° 展示，在旋转过程中使用"录制"的方式形成视频。

任务解决

通过 Navisworks 动画的录制功能，可以实现实时漫游过程的记录。在录制的过程中，软件记录动画的帧数密度非常高，因此记录的效果也非常细腻和流畅。因为操作过程中记录得非常细致，所以对软件的操作要非常熟练，否则录制过程中出现的任何停顿或误操作都会被完全记录下来，同时因录制所产生的帧数（视点数）较大，在后期处理过程中也不是很方便。

因此，在多数情况下，"录制"功能适用于制作时间较短且漫游路径拟合精度要求较高的动画，如围绕固定的场景视图的旋转轴心对模型创建漫游动画。具体操作步骤如下。

（1）打开"工作任务 8\综合实训楼项目 .nwd"。

（2）如图 8.1 所示，单击场景视图右上方的 ViewCube 立方体的"下"方向，把当前场景模型的查看角度切换到底部方向。

（3）如图 8.2 所示，把光标放到场地中心的位置，用鼠标滚轮对当前模型进行滚动缩放，这时在光标所处的位置会出现一个绿色且名为"轴心"的圆心。这样，就在此位置对当前场景视图指定了旋转的轴心。只要不再次滚动滚轮，无论怎样旋转或平移，都是以该点作为轴心。

 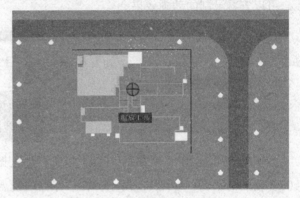

图 8.1 单击"下"方向　　　　　　　图 8.2 旋转轴心的设置

提示

如果需要指定模型内部构件上的某一点作为旋转轴心，那么该如何实现呢？
可以把该构件外围的某些构件隐藏，指定轴心后再取消隐藏。

（4）旋转视图，使建筑物处于俯视视角，如图 8.3 所示。在旋转过程中请不要使用鼠标滚轮进行滚动缩放。

（5）如图 8.4 所示，在导航工具栏的"旋转"功能 中选择"受约束的动态观察"。

图 8.3 建筑物处于俯视视角　　　　　图 8.4 选择"受约束的动态观察"

（6）按 Ctrl+↑（上方向键）组合键开始录制。录制过程中，按住鼠标左键向一个方向平移，实现模型的旋转，等旋转完一圈后，按 Ctrl+↓ 组合键结束录制。录制结束，Navisworks 会自动产生一个名为"动画 1"的动画对象，重命名为"模型自转展示"。

> **提示**
>
> 也可单击"动画"选项卡中的"录制"工具进行录制,如图 8.5 所示。但是,为了保证录制功能开始和结束的快速切换、减少延时,建议使用其快捷键。

(7)动画的播放:单击"动画"选项卡→"保存、载入和回放"面板→"播放"工具,或者单击"视点"选项卡→"保存、载入和回放"面板→"播放"工具 ▷,如图 8.6 所示,可以查看录制的动画效果。

图 8.5 "录制"工具

图 8.6 动画的播放

(8)动画的编辑:如图 8.7 所示,在"保存的视点"对话框中的动画名称右击,选择"编辑"选项,可控制动画时长,如图 8.8 所示。

图 8.7 动画的编辑

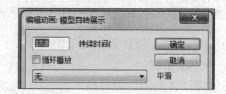

图 8.8 动画时长的编辑

完成的项目文件见"工作任务 8\ 录制动画完成 .nwd"。

典型工作 8.2 制作图元动画

工作场景描述

BIM 工程师陈某接到一项工作任务,工作内容是制作虚拟仿真动画视频,如车辆移动、门开启、结构柱生长等。

陈某使用 Animator 对话框中的"平移""旋转""缩放"等动画工具制作各种图元动画。

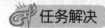

任务解决

Navisworks 提供了 Animator 对话框,用户可以在 Animator 对话框中完成动画场景的添加与制作，添加场景和动画集，并对场景和动画集进行管理。

Navisworks 中能以关键帧的形式记录在各时间点中的图元位置变换、旋转及缩放，并生成图元动画。

在 Animator 对话框中，Navisworks 提供了"平移""旋转""缩放"等不同动画集，不同图标对应的动画集工具、名称及功能描述见表 8.1。

表 8.1 动画集工具、名称及功能描述

动画集工具	图标名称	功 能 描 述
	平移	位置移动类动画，如汽车行走
	旋转	绕指定轴旋转类动画，如开门、关门
	缩放	沿指定方向改变图元大小，如墙沿 Z 轴增高
	更改颜色	修改动画集中图元颜色，在指定动画周期内改变图元颜色
	更改透明度	修改动画集中图元透明度，在指定动画周期内改变图元透明度
	捕捉关键帧	用于设置动画在指定时间位置的关键帧
	打开/关闭捕捉	用鼠标指针在场景中移动、旋转图元时，开启图元捕捉功能

1. "平移动画"制作

Navisworks 提供了移动动画功能，可为场景中的图元添加移动动画，用来表现图元的位置变化、吊车移动等动画形式。下面通过具体操作，说明为场景中图元添加移动动画的一般步骤。

"平移动画"制作

（1）打开"工作任务 8\录制动画完成 .nwd"，单击"车辆移动视角"，进入道路上的车辆处，如图 8.9 所示。

（2）如图 8.10 所示，单击"常用"选项卡→"工具"面板→ Animator 工具，弹出 Animator 对话框。如图 8.11 所示，该对话框由三部分组成，分别为动画控制工具条、动画集列表和动画时间窗口。由于当前场景中还未添加任何场景及动画集，因此该对话框中绝大多数动画工具条均为灰色。

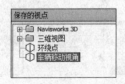
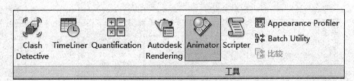

图 8.9 进入"车辆移动视角"   图 8.10 Animator 工具

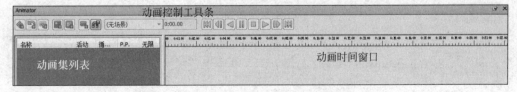

图 8.11 Animator 对话框

（3）如图 8.12 所示，单击 Animator 对话框左下角的"添加场景"按钮 ，或右击左侧场景列表中空白区域任意位置，在弹出的快捷菜单中选择"添加场景"选项，将添加名称为"场景1"的空白场景。单击"场景1"名称,可以修改名称,但此处不能直接输入中文,可以重新打开一个写字板,在写字板中输入"车辆运动"4个字,再复制粘贴到场景名称中。

(4)如图8.13所示,在场景区域中选择汽车图元,在"车辆运动"场景名称上右击,在弹出的快捷菜单中,选择"添加动画集"→"从当前选择"选项,将创建默认名称为"动画集1"的新动画集。修改名称为"水平移动"。

图 8.12 创建"车辆运动"场景

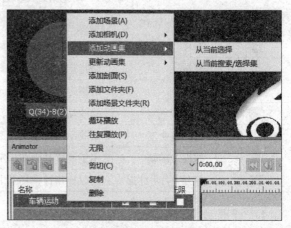

图 8.13 创建动画集

(5)设置第一个关键帧:如图8.14所示,确认当前时间点为"0:00.00",即动画的开始时间为0s,单击工具栏中的"捕捉关键帧"工具 ,将会在0s形成动画的关键帧状态。

(6)设置第二个关键帧:如图8.15所示,移动鼠标指针至右侧动画时间窗口位置,拖动时间线至4s位置,或在时间文本框中输"0:04.00",按Enter键,Navisworks将自动定位时间滑块至4s位置。

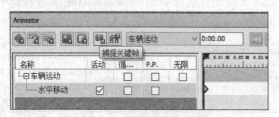

图 8.14 设置第一个关键帧

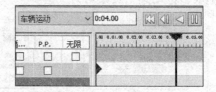

图 8.15 设置 4s 位置

> **提示**
>
> 在动画时间窗口中,按住Ctrl键并滑动鼠标滚轮,可缩放动画时间窗口中的时间线,其作用与单击Animator对话框左侧下方工具条中"放大"或"缩小"工具相同。

(7)如图8.16所示,单击Animator对话框→"平移动画集"工具 ,Animator对话框底部将出现"平移"坐标指示器。设置X值为10.000,按Enter键确认,即动画集中的图元将沿X轴方向移动10m;单击"捕捉关键帧"按钮 ,将当前图元状态捕捉为关键帧，即 Navisworks 在时间线 4s 位置添加新关键帧。动画制作完毕。

（8）如图 8.17 所示，单击 Animator 对话框顶部动画控制栏中的"停止"按钮，动画将返回至该动画集的时间起点位置。单击"播放"按钮，观察动画的播放方式。

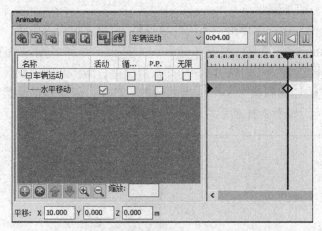

图 8.16　设置 4s 时的状态、捕捉关键帧　　　　图 8.17　动画播放

以上步骤即是动画制作的主要步骤，还可以进行其他操作，具体如下。

（1）如图 8.18 所示，勾选"水平运动"动画集右侧的 P.P. 复选框，即在原设置动画结束后再次反向播放动画，Navisworks 将自动调整动画的结束位置，当前动画集的结束时间自动修改为 8s。

（2）如图 8.19 所示，勾选"车辆运动"场景右侧的"循环播放"复选框。启动"播放"时，将会循环播放"车辆运动"场景中定义的动画。

图 8.18　勾选 P.P. 复选框　　　　图 8.19　勾选"循环播放"复选框

（3）如图 8.20 所示，在关键帧上右击，在弹出的快捷菜单中，选择"编辑"选项，可以编辑关键帧。在"编辑关键帧"对话框中，可对关键帧所处的时间、平移的距离、中心点等进行详细设计和调速。此处可以不设置。

完成的项目文件见"工作任务 8\平移动画完成.nwd"。

在 Navisworks 中，动画集动画至少由两个关键帧构成。Navisworks 会自动在两个关键帧之间进行插值运算，使得最终动画变得平顺。

"循环播放"、P.P. 等动画集播放选项，可以生成类似于表现往复运动的图元，如场景中反复运动的施工设备等。

每个场景动画中可包含一个或多个动画集，用于表现场景中不同图元的运动。例如，对于场景中的塔式起重机，可同时添加垂直方向的移动动画集用于展示塔式起重机在施工过程中不断升高的过程，还可配合添加循环播放的旋转动画集，用于展示塔式起重机吊臂的往复吊装工作。

图 8.20　编辑关键帧

2. "旋转动画"制作

除平移动画集外，Navisworks 还提供了旋转动画集，可为场景中的图元添加如开门、关门等图元旋转动画，用来表现图元的角度变化、模型的旋转等。下面通过具体操作，说明为场景中的图元添加旋转动画的一般步骤。

（1）打开"工作任务 8\旋转动画 .nwd"，单击"木门旋转视角"，进入该视点位置。

（2）单击"常用"选项卡→Animator 工具，打开 Animator 对话框，添加名称为"左侧门旋转"的动画场景；选择精度设置为"几何图形"，选择左扇门，右击"左侧门旋转"场景，在弹出的快捷菜单中选择"添加动画集"→"从当前选择"选项，创建新动画集，修改该动画集名称为"左扇门旋转"，如图 8.21 所示。

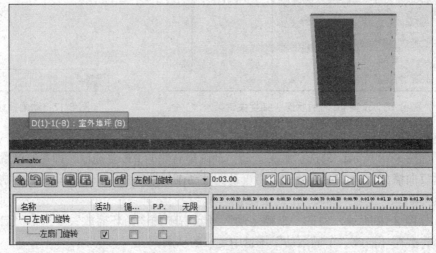

图 8.21　添加场景和动画集

（3）单击"左扇门旋转"动画集；如图 8.22 所示，单击"旋转动画集"按钮，Navisworks 将在场景中显示旋转小控件，拖动 Y 向移动控件将旋转小控件移动到左侧门轴处；单击"捕捉关键帧"按钮，将木门当前位置的状态设置为动画开始时的关键帧状态。

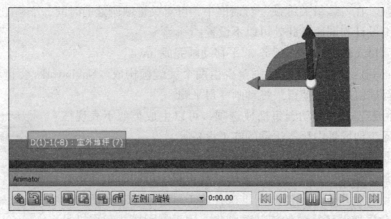

图 8.22　打开旋转小控件、拖动至门轴处

（4）如图 8.23 所示，在时间窗口中输入 0:03.00，按 Enter 键；在 Animator 对话框底部设置 Z 值为 90.000，按 Enter 键确认，即动画集中图元将沿坐标显示位置的 Z 轴方向旋转 90°。

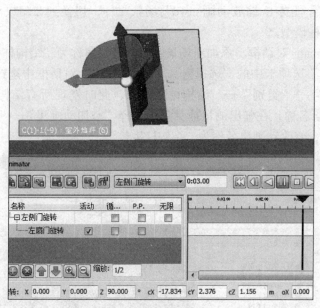

图 8.23 终止时刻设置旋转角度

提示

为确保旋转小控件移动位置的准确性，可以单击"视点"选项卡中的"正视"，切换到"正视"视角。

（5）单击"捕捉关键帧"按钮，将当前图元状态捕捉为关键帧，即 Navisworks 将在时间线的位置添加新关键帧。

（6）单击 Animator 对话框顶部动画控制栏中的"停止"按钮，动画将返回至该动画集的时间起点位置。单击"播放"按钮，观察动画的播放方式。

完成的项目文件见"工作任务 8\旋转动画左扇门旋转完成 .nwd"。

该门为双扇门，对右侧门也执行相应操作，具体如下。

（1）单击右扇门，右击"左侧门旋转"场景，添加到动画集，命名为"右扇门旋转"。

（2）选择"右扇门旋转"动画集，设置 0:00.00s，按 Enter 键，单击"捕捉关键帧"；设置 0:03.00s，按 Enter 键，单击"旋转动画集"，拖动绿色箭头控件（即 Y 向移动控件）将旋转小控件移动到右侧门轴处，在 Animator 对话框底部设置 Z 值为 -90，按 Enter 键确认；单击"捕捉关键帧"按钮。单击场景名称，将"左侧门旋转"名称改为"双扇门开启"。双扇门开启动画制作完成。

完成的项目文件见"工作任务 8\旋转动画双扇门开启完成 .nwd"。

3."缩放动画"制作

缩放动画集，是将场景中的图元按照一定的比例在 X、Y、Z 方向上进行放大和缩小，

"缩放动画"制作

并用 Animator 对话框中的时间轴记录放大和缩放的动作，形成缩放动画。利用缩放动画，可以展示类似于从小到大的生长类动画，如利用模型结构柱从矮到高变化来模拟施工进展过程。下面通过具体操作，学习缩放动画的一般步骤。

（1）打开"工作任务 8\缩放动画 .nwd"场景文件，切换到"缩放动画"视点位置，该场景显示了结构柱模型。

（2）打开 Animator 对话框，添加新场景，修改场景名称为"结构柱生长"。如图 8.24 所示，展开"常用"选项卡中的"选择树"，在"选择树"对话框中选择显示方式为"特性"，单击"元素"→"类别"→"结构柱"选项，此时发现所有结构柱被选中；右击"结构柱生长"场景名称，在弹出的快捷菜单中选择"添加动画集"→"从当前选择"选项，创建新动画集，修改动画集名称为"结构柱生长"。

图 8.24　添加场景和动画集

（3）如图 8.25 所示，在 Animator 对话框中确认当前时间点为 0:00.00，单击动画集工具栏中的"缩放动画集"按钮，Navisworks 将在场景中显示缩放控件。在 Animator 对话框底部的缩放设置中，设置 Z 值为 0，按 Enter 键，使缩放控件位于 0.000 标高处，单击"捕捉关键帧"按钮；修改缩放设置中 Z 值为 0.01，按 Enter 键，结构柱处于 0.01 倍的长度状态，再次单击"捕捉关键帧"按钮，将当前缩放状态设置为动画开始时的关键帧状态。

（4）在 Animator 对话框中拖动时间线至 6s 位置，或在时间位置窗口中输入 0:06.00；确认"缩放动画集"工具仍处于激活状态，修改底部"缩放"的 Z 值为 1，即所选结构柱图元将恢复至原尺寸大小，其他参数不变。单击"捕捉关键帧"按钮，将当前状态捕捉为关键帧。

工作任务 8 制作场景动画 | 155

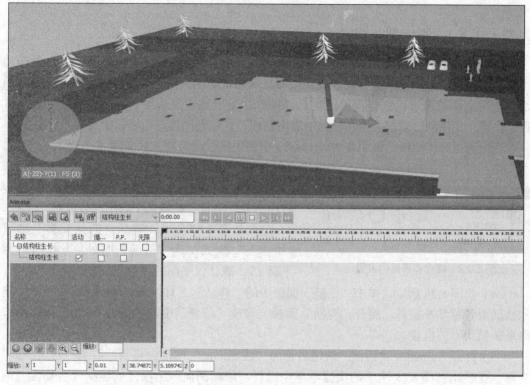

图 8.25 起始位置动画的设置和关键帧的捕捉

（5）单击 Animator 对话框顶部动画控制栏中的"停止"按钮■，动画将返回至该动画集的起点位置。单击"播放"按钮■，观察动画的播放方式。

完成的文件见"工作任务 8\缩放动画柱生长动画完成 .nwd"。

> **小贴士**
>
> 也可以采用在动画结束后再调整控件位置的方法创建缩放动画。步骤为：在 0s 时点击"缩放动画集"控件，将"缩放"的 Z 值改为 0.01，单击"捕捉关键帧"按钮■；在 6s 时将"缩放"的 Z 值改回 1，单击"捕捉关键帧"按钮■。以上常规操作完成后，右击动画起始位置关键帧，在弹出的快捷菜单中选择"编辑"选项，打开"编辑关键帧"对话框，如图 8.26 所示。修改"居中"栏中 cZ 值为 0，即修改缩放控件 Z 值为 0，单击"确定"按钮；使用相同方式，修改 6s 关键帧时的 cZ 值为 0。再次预览动画，结构柱显示为从下至上缩放生长状态。
>
>
>
> 图 8.26 修改 cZ 值为 0

典型工作 8.3　制作剖面动画

制作剖面动画

在工作任务 4 中，介绍过在 Navisworks 中启用剖面以查看场景内部图元。在制作动画时，用户可以为剖面添加移动、旋转、缩放等场景动画，用于以动态剖切的方式查看场景。使用剖面动画可以制作简单的生长动画，用于表现建筑从无到有的不断"生长"过程。注意，使用剖面动画必须在场景中启用剖面，且该剖面将剖切场景中所有图元对象。

下面通过具体操作，说明在 Navisworks 中使用剖面动画的一般步骤。

（1）打开"工作任务 8\综合实训楼项目 .nwd"场景文件。

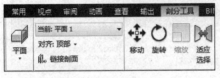

（2）单击"视点"选项卡→"剖分"面板→"启用剖分"工具，在场景中启用剖分显示。

（3）如图 8.27 所示，确认"剖分工具"选项卡中剖分"模式"为"平面"；激活当前剖面为"平面 1"；确认该平面的"对齐"方式为"顶部"。

图 8.27　模式和平面的设置

（4）如图 8.28 所示，单击"变换"面板中的"移动"工具，Navisworks 将在场景中显示该剖面和移动小控件。展开"变换"面板，修改"位置"中的 Z 值为 0.000，即移动平面至 Z 值为 0 的位置。

（5）打开 Animator 对话框。新建名称为"建筑剖面"的动画场景，右击"建筑剖面"名称，在弹出如图 8.29 所示的快捷菜单中选择"添加剖面"选项，创建默认名称为"剖面"的动画集。

图 8.28　移动到 Z 值为 0 处

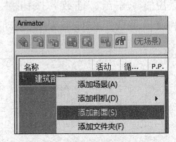

图 8.29　添加剖面

（6）在 Animator 对话框的左侧动画集列表中单击"剖面"动画集；确认当前动画时间轴的时间点为 0:00.00；单击 Animator 对话框中的"捕捉关键帧"按钮，将剖面当前位置状态设置为动画开始时的关键帧状态。

（7）在"时间"文本框中输入 0:06.00，Navisworks 将自动定位时间滑块至该时间位置。确认在"剖分工具"上下文选项卡的"变换"面板中激活"移动"工具。移动鼠标指针至场景中，移动变换小控件 Z 轴的位置，按住鼠标左键，沿 Z 轴方向移动剖面位置直到显示完整的场景。在 Animator 对话框中单击"捕捉关键帧"按钮，将当前图元状态捕捉为 6s 位置关键帧，如图 8.30 所示。

（8）使用动画播放工具，预览该动画。Naviswork 将按时间沿 Z 轴方向移动剖面位置。此时也可以单击"剖分工具"上下文选项卡中的"移动"工具，使移动控件不可见。

完成的项目文件见"工作任务 8\剖面动画完成 .nwd"。

Navisworks 允许用户对剖面动画中各关键帧进行设置、编辑与修改。右击 Animator 对话框中的关键帧,弹出如图 8.31 所示的"编辑关键帧"对话框,在该对话框中可以对剖面动画中采用的剖面名称、位置进行设置与调整。

图 8.30 设置 6s 时的剖面位置

图 8.31 "编辑关键帧"对话框

Navisworks 的每个场景中仅允许添加一个剖面动画集。当需要添加多个剖面动画时,可以在 Animator 对话框中添加多个不同场景。Navisworks 将使用红色标记移动动画集的时间轴范围。

剖面动画的应用很广,一般用于着重表现项目内部的细节部分。注意,剖面动画与移动、旋转、缩放动画集不同,在定义剖面动画时,必须在"剖分工具"上下文选项卡的"变换"面板中使用"移动""旋转""缩放"等变换工具对剖面位置、大小进行修改。

典型工作 8.4　制作相机动画

Navisworks 中除通过使用漫游的方式实现视点位置移动,Animator 对话框中还提供了相机动画,用于实现场景的转换和视点的移动变换。相对于漫游工具,相机动画可控性更强,从而更加平滑地实现场景的漫游与转换。

与其他动画集类似,相机动画同样通过定义两个或多个关键帧的方式实现。下面通过具体操作,说明在 Navisworks 中添加相机动画的一般步骤。

(1)打开"工作任务 8\剖面动画完成 .nwd",取消选中"启用剖分"复选框。

(2)打开 Animator 对话框,在"建筑剖面"名称上右击,在弹出的快捷菜单中选择"添加相机"→"空白相机"选项,将创建默认名称为"相机"的新动画集,如图 8.32 所示。

(3)在 Animator 对话框左侧的动画集列表中单击"相机"动画集;确认当前时间点为 0:00.00,即动画的开始时间为 0s;单击 Animator 对话框中的"捕捉关键帧"按钮，将当前视点位置设

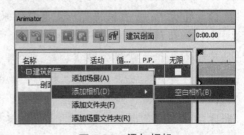

图 8.32 添加相机

置为动画开始时的关键帧状态。

（4）在"时间"文本框中输入 0:06.00，Navisworks 将自动定位时间滑块至该时间位置。如图 8.33 所示，旋转视图使建筑物旋转一定角度，单击"捕捉关键帧"按钮 ，将当前图元状态捕捉为第二关键帧。

使用动画播放工具，播放预览该动画。

完成的项目文件见"工作任务 8\相机动画完成 .nwd"。

相机动画使用较为简单，仅需要在动画中定义好至少两个关键帧的视点位置即可。右击关键帧，在弹出的快捷菜单中选择"编辑"选项，将弹出视点动画"编辑关键帧"对话框，如图 8.34 所示。在该对话框中可以对视点在该关键帧位置的视点坐标、观察点、垂直视野、水平视野等视点属性进行修改，以得到更为精确的视点动画。

图 8.33　设置终止时间的状态

图 8.34　"编辑关键帧"对话框

> **注意**
>
> Navisworks 将使用绿色标识相机动画集的动画时间轴范围。

思想提升

创 新 精 神

在 Navisworks 中，使用 Animator 对话框中的"平移""旋转""缩放""更改颜色""更改透明度"等工具，再加上创新思维，可以创造各种炫目的动画。创新是指以现有的思维模式提出有别于常规或常人思路的见解为导向，利用现有的知识和物质，在特定的环境中，本着理想化需要或为满足社会需求而改进或创造新的事物（包括产品、方法、元素、路径、环境），并能获得一定有益效果的行为。

创新精神是一种勇于抛弃旧思想、旧事物，创立新思想、新事物的精神。例如，不满足已有认识（掌握的事实、建立的理论、总结的方法），不断追求新知；不满足现有的生活生产方式、方法、工具、材料、物品，根据实际需要或新的情况，不断进行改革和革新；不墨守成规（规则、方法、理论、说法、习惯），敢于打破原有框架，探索新的规律和方法；不迷信书本、权威，敢于根据事实和自己的思考，向权威质疑；不盲目效仿别人的想法、说法和做法。

 工作总结

使用导航工具栏"受约束的动态观察"工具和快捷键 Ctrl + ↑（开始录制）、Ctrl + ↓（结束录制）录制"模型自转展示"动画。

使用 Animator 工具创建动画的一般步骤为：创建一个场景→在场景中创建一个动画集→确定起始点的动作，捕捉关键帧→移动时间线到终点时间，确定终点的动作，捕捉关键帧→动画制作结束，播放动画。

单击"视点"选项卡→"剖分"面板→"启用剖分"工具，在场景中启用剖分显示。右击，在弹出的快捷菜单中，选择"添加剖面"选项，制作剖面动画。

打开 Animator 对话框，右击并选择"添加相机"→"空白相机"选项，创建"相机"的动画集。

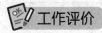 工作评价

工作评价表

序号	评分项目	分值	评 价 内 容	自评	互评	教师评分	客户评分
1	录制动画	20	1. 受约束的动态观察，10 分 2. 动画录制，10 分				
2	制作图元动画	40	1. 平移动画，13 分 2. 旋转动画，14 分 3. 缩放动画，13 分				
3	制作剖面动画	20	1. 剖分位置，10 分 2. 剖面动画集，10 分				
4	制作相机动画	20	1 相机位置，10 分 2. 相机动画集，10 分				
	总　　分						

工作任务 9　制作人机交互动画

工作任务9
工作文件

📖 工作任务书

项　目	具　体　内　容
岗位标准	1.《建筑信息模型技术员国家职业技能标准》(2021 年版)，职业编码：4-04-05-04 2. "1+X" 建筑信息模型（BIM）职业技能等级标准
技术标准	《建筑信息模型应用统一标准》(GB/T 51212—2016)、《建筑信息模型施工应用标准》(GB/T 51235—2017)、《建筑信息模型设计交付标准》(GB/T 51301—2018)
技术要求	创造一种人机交互效果，按 Q 键后，场景文件中的门自动打开，2s 后门自动关闭 创造一种人机交互效果，当"第三人"漫游至门 2m 范围内时，门自动打开
工作任务	典型工作 9.1　制作"按键触发"脚本动画 典型工作 9.2　制作"热点触发"脚本动画
交付内容	脚本动画 - 按键触发完成 .nwd 脚本动画 - 热点触发完成 .nwd
工作成图 （参考图）	

📖 学习目标

1. 知识目标
- 掌握"按键触发"的制作方法，如按下 Q 键实现双扇门开启。
- 掌握"热点触发"的制作方法，如当漫游至双扇门附近的指定距离时自动触发双扇门开启动画。
- 掌握不同"事件"的操作，包括启动时触发、计时器触发、按键触发、碰撞触发、热点触发、变量触发和动画触发。
- 掌握不同"操作类型"的操作,包括播放动画、停止动画、显示视点、暂停、发送消息、设置变量、存储特性和载入模型。

2. 能力目标
- 能够创建"按键触发"人机交互动画,按下某个功能键后能够触发相应动画。
- 能够创建"热点触发"人机交互动画,当漫游至某个位置后触发相应动画。
- 能够按照不同的工作目标选择不同的"事件"操作,并触发相应的"操作类型"。

Navisworks 提供了 Scripter 模块,用于在场景中添加脚本。脚本是 Navisworks 中用于控制场景及动画的方法,使用脚本可以使场景展示更为生动。在 Navisworks 中,脚本被定义了一系列的条件,当场景中的"事件"满足该脚本的定义条件时,将执行指定的动作。例如,可以在定义门开启场景动画后,通过脚本定义,当漫游至该门附近指定区域范围内时自动播放该动画,当离开该门指定区域范围时播放门关闭的动画。这样,在浏览场景时将更加真实生动。

典型工作 9.1　制作"按键触发"脚本动画

  工作场景描述

公司领导对 BIM 工程师陈某制作的工程动画赞赏有加,同时又提出能不能在动画中增加人机互动,如按键盘上某一个键,场景文件中的门能自动打开等。

陈某使用 Naviworks 中的 Scripter 脚本动画制作工具,通过其中的"按键触发"功能制作人机交互动画。

制作"按键触发"脚本动画

任务解决

Navisworks 通过"Scripter"工具定义场景中所有可用的脚本。
脚本通过事件定义、触发条件及动作定义等一系列的规则,用于实现场景的控制方式。
下面创造一个"按下 Q 键实现双扇门开启"的脚本。

1. 制作按键触发"门开启"脚本
(1)打开"工作任务 9\双扇门开启动画完成 .nwd"场景文件。
(2)单击并进入"木门旋转视角"视点。
(3)单击"常用"选项卡→"工具"面板→ Animator 工具,看到 Animator 对话框中已制作完成"双扇门开启"场景动画,然后关闭 Animator 对话框。
(4)单击"常用"选项卡→"工具"面板→ Scripter 工具,打开 Scripter 对话框。

> 提示
>
> Scripter 对话框由"脚本""事件""操作""特性"四部分组成。脚本动画的创建步骤为:定义脚本名称→选择事件类型→设置事件特性→设置操作内容。

（5）定义脚本名称：如图 9.1 所示，单击"脚本"选项组底部的"添加新文件夹"按钮 ，添加新脚本管理文件夹，修改该文件夹名称为"1F 动画"。单击"脚本"选项组底部的"添加新脚本"按钮 ，在"1F 动画"文件夹下创建名称为"双扇门开启"的脚本，确认文件夹和脚本的"活动"复选框处于被勾选状态。

注意

在 Scripter 对话框中修改脚本名称时，无法启用中文输入法输入中文，可在写字板等文字工具中输入需要的名称并将其复制、粘贴至 Scripter 脚本名称中。

图 9.1　添加文件夹和脚本

（6）选择事件类型：单击创建的"双扇门开启"的脚本，此时"事件"选项组可供编辑。单击"事件"选项组底部的"按键触发"，添加"按键触发"事件。

（7）设置事件特性：如图 9.2 所示，单击右侧"特性"选项组中"键"文本框，输入 Q，将该事件触发键设置为 Q 键；确保"触发事件"为"按下键"选项，即按 Q 键触发脚本。

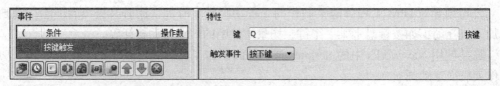

图 9.2　设置事件和特性

（8）设置操作内容：如图 9.3 所示，单击"操作"选项组底部的"播放动画"按钮 ，添加"播放动画"操作。在"特性"选项组的"动画"下拉菜单中选择"双扇门开启"；确认勾选"结束时暂停"复选框，即在动画结束时停止播放动画；确认动画"开始时间"为"开始"，"结束时间"为"结束"，即按从开始到结束的方式播放"双扇门开启"动画过程。

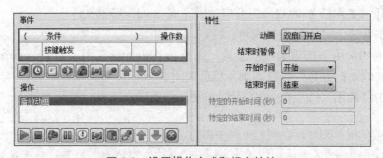

图 9.3　设置操作方式和相应特性

至此，完成"双扇门开启"动画的脚本定义。

2. 启用按键触发"门开启"脚本
(1)单击"动画"选项卡→"脚本"面板→"启用脚本"工具,在场景中激活脚本。
(2)单击并进入"木门旋转视角"视点。
(3)按下 Q 键,开始播放"双扇门开启"动画,即门自动开启。
由于在脚本"播放动画"操作中勾选了"结束时暂停"复选框,因此在播放动画后将一直处于开门状态。

3. 制作按键触发"门开启和关闭"脚本
下面将继续修改脚本,使得双扇门在开启后自动关闭。
(1)单击"动画"选项卡→"脚本"面板→"启用脚本"工具,取消脚本激活。此时,Scripter 对话框中定义的脚本处于可编辑状态。
(2)如图 9.4 所示,单击 Scripter 对话框"操作"选项组→"暂停" ⏸,修改"延迟"时间为 5s。

图 9.4 设置操作方式和响应特性 1

> **提示**
>
> 延迟时间从第一个脚本开始执行的时间开始计算。之所以在本例中延迟时间设置为 5s,是因为动画时长 3s,所以在播放完动画后会暂停 2s。

(3)如图 9.5 所示,再次单击"播放动画"按钮 ▶,添加播放动画操作。在"特性"选项组中的"动画"下拉菜单中选择动画名称为"双扇门开启";确认勾选"结束时暂停"复选框;此时,设置动画"开始时间"为"结束","结束时间"为"开始",即用反向播放门开启动画的方式来模拟门关闭。

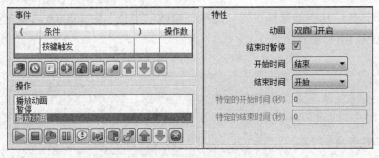

图 9.5 设置操作方式和响应特性 2

4. 启用按键触发"门开启和关闭"脚本

（1）单击"动画"选项卡→"脚本"面板→"启用脚本"工具，在场景中激活脚本。

（2）按 Q 键，注意此时 Navisworks 在播放完动画后，将暂停 2s，然后门自行关闭。完成的文件见"工作任务 9\ 脚本动画 - 按键触发完成 .nwd"。

典型工作 9.2　制作"热点触发"脚本动画

制作"热点触发"脚本动画

 工作场景描述

BIM 工程师陈某将向客户展示建筑设计成果，他计划用"第三人"漫游的方式进行展示，那么当"第三人"遇到建筑的门时，该如何处理呢？可以使用 Ctrl+D 组合键关闭和开启碰撞，让"第三人"穿门而过，但在使用快捷键时会使得漫游过程卡顿，并且穿门而过的视觉效果显得不自然。陈某考虑是否有更合适的方法模拟人通过建筑门呢？

陈某用 Scripter 脚本动画中的"热点触发"工具，实现了当人走到门附近时门自动开启的效果，用这种方式能够更自然地向客户展示建筑设计成果。

任务解决

脚本的触发事件同样可由多种条件定义。例如，可以设置当漫游至距离门附近时自动触发操作等，这种触发方式即为"热点触发"。

1. 制作热点触发脚本

（1）打开"工作任务 9\ 脚本动画 - 按键触发完成 .nwd"，确保未启用脚本。

（2）单击"常用"选项卡→"工具"面板→ Scripter 工具，打开 Scripter 对话框。

（3）单击 Scripter 对话框→"事件"选项组→"热点触发"工具，在事件中增加"热点触发"条件。

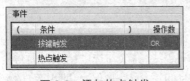

图 9.6　添加热点触发

（4）如图 9.6 所示，修改"按键触发"条件后面的"操作数"为 OR，即既可执行"按键触发"脚本，又可执行"热点触发"脚本。

（5）如图 9.7 所示，单击新建的"热点触发"事件，修改"特性"选项组中的"热点"类型为"选择的球体"；设置"触发时间"为"进入"；选择双扇门，单击"选择"右侧的"设置"，在弹出的快捷菜单中选择"从当前选择设置"选项；修改"半径"为 2.000m，即进入距离双扇门图元 2m 的范围内时将触发事件。

> **提示**
>
> Navisworks 的热点为指定位置的球体半径范围，只要视点处于该范围内，即可触发该事件。Navisworks 提供了"球体"与"选择的球体"两种热点类型，"球体"为指定图元位置的热点区域。

2. 启用热点触发脚本

（1）单击"动画"选项卡→"脚本"面板→"启用脚本"工具，在场景中激活脚本。

（2）如图9.8所示，使用"漫游"工具，并打开"第三人"，行走至双扇门2m范围内，Navisworks将自动播放双扇门从开启至关闭的动画；若按Q键，Navisworks也会播放双扇门从开启至关闭的动画。

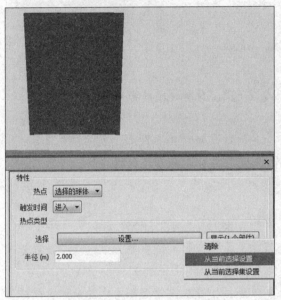

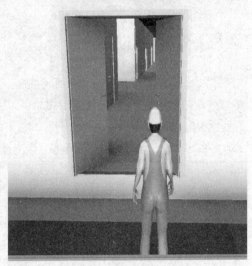

图9.7 热点触发特性的设置　　　　　图9.8 启动脚本动画

完成的文件见"工作任务9\脚本动画-热点触发完成.nwd"。

Navisworks通过脚本中定义的触发事件及该事件执行的操作来丰富场景的展示。一个脚本可以通过定义多个触发事件作为触发条件，并可定义多个可执行的操作。当脚本中存在多个触发事件时，用户可以通过定义事件的AND、OR关系来决定脚本触发的条件。当必须同时满足两个已定义的触发条件时，使用AND操作数，而当仅需要满足其中任何一个触发条件即可激活脚本中定义的操作时，使用OR操作数。脚本中定义的操作将按照"操作"列表中从上至下的顺序执行。

> **小贴士**
>
> 1. 七种触发事件
>
> 触发事件是执行脚本的前提。Navisworks提供了七种触发事件，用于定义触发事件的方式。合理应用各触发事件，同时结合触发条件间的操作数、括号等组合功能，可以使脚本变得更为智能。各触发事件的按钮如图9.9所示，详细功能及用途详细解释如下。
>
>
>
> 图9.9 各触发事件的按钮

（1）启动时触发 ：在场景中启用脚本时触发该事件。通常用于显示指定视点位置、载入指定模型等显示准备工作。

（2）计时器触发 ：在启用脚本后的指定时间内触发该事件，或在启用脚本后的指定周期内重复触发。

（3）按键触发 ：通过指定按键在按下、按住或释放时触发事件。可作为机械设备的运转开关。

（4）碰撞触发 ：在漫游时与指定对象发生碰撞时触发该事件。可通过指定碰撞触发的方式实现开门动画。

（5）热点触发 ：当视点进入、离开或位于固定位置（或对象）指定半径的球体范围内时，触发该事件，通常用于指定开门、关门等动画操作。

（6）变量触发 ：当变量值满足指定条件时触发该事件。例如，可以设置变量A大于5时触发该事件。变量为用户定义的任意变量名称，并指定变量与数值之间的逻辑关系（如大于、等于、小于等）。变量触发中的变量通常与操作栏中的"设置变量"联用。

如图9.10所示，设置自定义"变量"名称为X，值为4，"计算"条件为"等于"，即当X的值为4时激活该脚本。注意，必须首先在其他脚本"事件"中进行"设置变量"操作，并在该操作中定义变量X的值，才能进行自定义变量X值的操作。

（7）动画触发 ：播放指定动画时触发该事件。可以设置为在指定动画开始或结束时触发事件。它通常用于动画间的关联动作。例如，在播放完第一段漫游动画后，触发播放第二段动画的脚本。

如图9.11所示，在触发"事件"选项组中，条件间加入括号将使括号中的条件优先作为一个成组的触发条件。Navisworks可以在触发事件中嵌套多组括号，与数学运算类似，最内侧的括号具有最高优先级。注意，括号必须成对出现，否则Navisworks将给出错误提示。

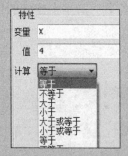

图9.10　变量触发特性的设置

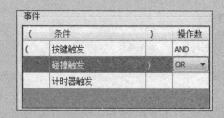

图9.11　括号的设置

2. 八种操作类型

操作类型是脚本被激活后需要执行的动作。Navisworks提供了八种操作类型，用于控制Navisworks中的场景。各操作类型的名称、解释及应用见表9.1。

表 9.1　各操作类型的名称、解释及应用

名　称	解释及应用
播放动画	按从开始到结束或从结束到开始的顺序播放指定的场景动画或动画片段
停止动画	停止当前动画播放，通常用于停止无限循环播放的场景动画
显示视点	显示指定的视点，通常用于场景准备时切换至指定视点位置
暂停	指定当前脚本在执行下一个动作时需要暂停的时间
发送消息	向指定文本文件中写入消息。如果在每个脚本中均加入该功能，并指定发送当前脚本名称，可以实时跟踪当前场景的脚本执行情况，通常用于脚本测试。注意必须先指定消息输出的位置
设置变量	在执行脚本时，将指定的自定义变量设置为指定值或按指定条件修改变量值。使用该动作可以改变变量值，当变量值与"变量触发"事件中设置的变量值符合指定的逻辑时，将触发该事件
存储特性	在自定义变量中存储指定图元的参数值
载入模型	在当前场景中载入指定的外部模型，通常用于场景转换时加载更多的模型

操作类型是脚本激活后执行的结果。一个脚本中可以定义多个不同的操作类型，Navisworks 将按"操作"列表中从上至下的顺序执行脚本中设置的动作。

对于"发送消息"动作，必须指定存储消息的文本位置。如图 9.12 所示，在"选项编辑器"对话框中展开"工具"列表，选择 Scripter，设置"指向消息文件的路径"为硬盘指定位置及存储文件名称。注意，必须输入存储文件类型扩展名 .txt，以便于在"文本编辑器"对话框中打开和查看输出消息结果。

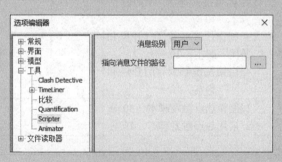

图 9.12　发送消息

思想提升

建筑信息模型技术员国家职业技能标准"职业守则"

职业名称：建筑信息模型技术员，职业编码：4-04-05-04，职业守则如下。

（1）遵纪守法，爱岗敬业。
（2）诚实守信，认真严谨。
（3）尊重科学，精益求精。
（4）团结合作，勇于创新。
（5）终身学习，奉献社会。

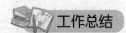 **工作总结**

单击"常用"选项卡→"工具"面板→ Scripter 工具，打开 Scripter 对话框。Scripter 对话框由"脚本""事件""操作""特性"四部分组成。脚本动画的创建步骤为：定义脚本名称→选择事件类型→设置事件特性→设置操作内容。

制作按下 Q 键播放"双扇门开启"动画的脚本，步骤如下：定义脚本名称为"双扇门开启"→单击"事件"选项组底部的"按键触发"，添加"按键触发"事件→单击右侧"特性"选项组中"键"文本框，输入 Q，将该事件触发键设置为 Q 键→单击"操作"选项组底部的"播放动画"按钮 ▶，在"动画"下拉菜单中选择"双扇门开启"。

制作进入双开门 2m 范围内播放"双扇门开启"动画的脚本，步骤如下：在 Scripter 对话框的"事件"选项组中单击底部"热点触发"→修改"特性"选项组中的"热点"类型为"选择的球体"→设置"触发时间"为"进入"→选择双扇门，选择右侧的"设置"，在弹出的快捷菜单中选择"从当前选择设置"→修改"半径"为 2m。

工作评价

工作评价表

序号	评分项目	分值	评 价 内 容	自评	互评	教师评分	客户评分
1	制作"按键触发"脚本动画	60	1. 制作按键触发"门开启"脚本，20 分 2. 启用按键触发"门开启"脚本，10 分 3. 制作按键触发"门开启和关闭"脚本，20 分 4. 启用按键触发"门开启和关闭"脚本，10 分				
2	制作"热点触发"脚本动画	40	1. 制作热点触发脚本，30 分 2. 启用热点触发脚本，10 分				
	总 分						

工作任务 10 制作虚拟施工视频

工作任务书

项 目	具 体 内 容
岗位标准	1.《建筑信息模型技术员国家职业技能标准》(2021年版),职业编码:4-04-05-04 2. "1+X"建筑信息模型(BIM)职业技能等级标准
技术标准	《建筑信息模型应用统一标准》(GB/T 51212—2016)、《建筑信息模型施工应用标准》(GB/T 51235—2017)、《建筑信息模型设计交付标准》(GB/T 51301—2018)
技术要求	按照给定的进度计划制作建筑物从无到有的虚拟施工视频。在虚拟视频中,正在施工的建筑构件以绿色90%透明度显示,施工完成的建筑构件以模型自身的颜色显示,该虚拟施工视频中要显示一楼柱的生长过程 为F1柱、F2楼板、F2柱、F3楼板、F3柱设置实际开始时间和实际结束时间,在虚拟视频中,正在施工的建筑构件以黄色显示,施工完成的建筑构件以灰色显示,若实际时间提前于计划时间以蓝色显示,若实际时间延后于计划时间以红色显示 制作虚拟施工视频,要求以1天为单位显示场景中每一帧,视频持续时间为30s,视频的左上方显示星期、时间、年月日、当前活动的工作任务,视频显示与"相机1"动画相匹配,将该虚拟施工视频导出为外部文件 将施工进度计划"进度计划.csv"自动导入场景文件,制作虚拟施工视频 使用"零件"功能对Revit地砖进行600mm×600mm分割,导入为Navisworks文件后能够使Navisworks识别该零件图元,使Navisworks保留该零件的所有特征
工作任务	典型工作10.1 掌握Navisworks虚拟施工原理 典型工作10.2 使用TimeLiner进行虚拟施工 典型工作10.3 自动匹配进行虚拟施工 典型工作10.4 使用Revit零件功能模拟地砖铺贴顺序
交付内容	施工模拟任务类型修改完成.nwd 施工模拟完成.nwd 施工模拟视频显示设置完成.nwd TimeLiner自动匹配完成.nwd 地砖楼板零件分割完成.rvt 地砖楼板零件分割完成.nwd
工作成图 (参考图)	

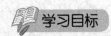 学习目标

1. 知识目标
- 掌握 TimeLiner 虚拟施工的制作步骤。
- 掌握不同的施工任务类型,包括"构造""拆除"和"临时"三种类型,任务类型决定该任务在施工模拟展示时图元显示的方式及状态。
- 掌握施工模拟参数的设置方法,包括"替代开始/结束日期""时间间隔大小""回放持续时间(秒)""覆盖文本""模拟设置"和"动画"设置栏。
- 掌握"导出动画"工具,可以直接导出 AVI 格式的视频,也可以导出 JPEG 格式的图片序列。
- 掌握自动匹配的方法。通过链接外部施工组织计划数据,自动对应规则,自动匹配对应构件,进行虚拟施工。

2. 能力目标
- 能够按照给定的进度计划制作虚拟施工视频。
- 能够对 TimeLiner 中的工作任务进行"降级"或者"升级"排序。
- 能够在虚拟施工视频中关联已经创建完成的脚本动画和场景动画。
- 能够对不同的施工任务类型设置不同的颜色。
- 能够设置虚拟施工视频的显示参数。
- 能够导入外部施工计划文件,进行自动匹配以实现虚拟施工。
- 能够使用 Revit 零件功能分割地砖,以便在 Navisworks 中模拟地砖铺贴顺序。

典型工作 10.1 掌握 Navisworks 虚拟施工原理

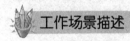 工作场景描述

BIM 工程师陈某即将在月度总结会议上做一个 BIM 工作汇报,陈某计划在虚拟施工工作的汇报中,先讲解 Navisworks 的虚拟施工原理,再展示虚拟施工成果。那么如何既专业又详尽地讲解 Navisworks 虚拟施工原理呢?

陈某计划从施工任务信息、施工任务数据、施工任务对应、施工任务类型等角度描述虚拟施工原理。

任务解决

Navisworks 提供了 TimeLiner 模块,用于在场景中定义施工时间节点的周期信息,并根据所定义的施工任务生成施工过程模拟动画。由于三维场景中添加了时间信息,使得场景由 3D 信息升级为 4D 信息,因此施工过程模拟动画又称为 4D 模拟动画。

(1)在 Navisworks 中,要定义施工过程模拟动画,必须首先制订详细的施工任务。如图 10.1 所示,施工任务用于定义各项施工任务的计划开始时间、计划结束时间等信息。在 Navisworks 中,每项任务均可以记录以下几种信息:计划开始及结束时间、该任务的实

际开始及结束时间、人工费、材料费等费用信息等。这些信息均包含在施工任务中，作为 4D 施工动画的信息基础。

已激活	名称	计划开始	计划结束	任务类型	附着的
✓	F1柱	2017/3/1	2017/3/7	构造	集合->F1柱
✓	F2楼板	2017/3/8	2017/3/14	构造	集合->F2楼板
✓	F2柱	2017/3/15	2017/3/21	构造	集合->F2柱
✓	F3楼板	2017/3/22	2017/3/28	构造	集合->F3楼板
✓	F3柱	2017/3/29	2017/4/4	构造	集合->F3柱
✓	F4楼板	2017/4/5	2017/4/11	构造	集合->F4柱
✓	F4柱	2017/4/12	2017/4/18	构造	集合->F4柱
✓	F5楼板	2017/4/19	2017/4/25	构造	集合->F5楼板
✓	F5柱	2017/4/26	2017/5/2	构造	集合->F5柱
✓	F6楼板	2017/5/3	2017/5/9	构造	集合->F6楼板
✓	F1墙	2017/5/10	2017/5/16	构造	集合->F1墙
✓	F2墙	2017/5/17	2017/5/23	构造	集合->F2墙
✓	F3墙	2017/5/24	2017/5/30	构造	集合->F3墙
✓	F4墙	2017/5/31	2017/6/6	构造	集合->F4墙
✓	F5墙	2017/6/7	2017/6/13	构造	集合->F5墙
✓	门窗幕墙	2017/6/14	2017/6/20	构造	集合->门窗幕墙
✓	其他	2017/6/21	2017/6/27	构造	集合->其他

图 10.1　施工任务制订

（2）可以自定义添加或修改施工任务，也可以导入 Microsoft Project、Microsoft Excel、Primavera P6 等常用施工任务管理软件生成的 MPP、CSV 等格式的施工任务数据，并依据这些数据为当前场景自动生成施工任务。

（3）要模拟施工过程，必须将定义的施工任务与场景中的模型图元一一对应。可以使用 Navisworks 的选择集功能，根据施工任务情况定义多个选择集并将选择集对应至施工任务中，使这些图元具备时间信息，成为 4D 信息图元。可以使用选择集与施工任务自动映射的工具，以实现选择集图元与施工任务间的快速匹配。

（4）在施工任务中，除必须定义时间信息，还必须指定各施工任务的任务类型。如图 10.2 所示，Navisworks 默认提供了"构造""拆除""临时"三种任务类型。任务类型用于显示不同的施工任务中各模型的显示状态。可以自定义各任务类型在施工模拟时的外观表现。例如，可定义"构造"工作的外观表现，当该任务开始时使用绿色（90% 透明）显示，在该任务结束时以模型自身的外观显示；定义"拆除"工作的外观表现，当该任务开始时使用红色（90% 透明）显示，在该任务结束时隐藏模型；定义"临时"工作的外观表现，当该任务开始时使用黄色（90% 透明）显示，在该任务结束时隐藏模型。

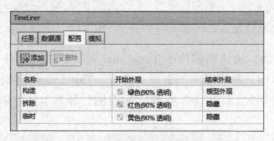

图 10.2　施工任务类型和外观表现设置

（5）在 Navisworks 中，施工过程模拟的核心基础是场景中图元选择集的定义，必须确保每个选择集中的图元均与施工任务要求一一对应，才能得到正确的施工模拟结果。因此，必须结合施工模拟要求及施工任务安排，合理定义模型的创建和拆分规则，并在

Navisworks 中定义合理的选择集，以满足施工任务的要求。

典型工作 10.2　使用 TimeLiner 进行虚拟施工

工作场景描述

工程管理部门将已经制订的施工进度计划给 BIM 工程师陈某，陈某的工作是按照这个施工进度计划制作虚拟施工视频。

陈某看到这个施工进度计划包括工作任务的名称、计划开始时间、计划结束时间，他计划使用 Navisworks 中的 TimeLiner 工具制作虚拟施工视频。

任务解决

1. 对既定的工作任务进行虚拟施工

（1）打开"工作任务 10/ 施工模拟 .nwd"场景文件。

（2）打开"集合"面板。如图 10.3 所示，当前场景中已定义了每层的柱、墙、板以及所有的门窗及其他构件 17 个选择集。

（3）如图 10.4 所示，单击"常用"选项卡→"工具"面板→ TimeLiner 工具，打开 TimeLiner 对话框。

图 10.3　已经创建完成的选择集

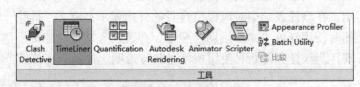

图 10.4　TimeLiner 工具

（4）如图 10.5 所示，确认当前位于 TimeLiner 对话框的"任务"选项卡，展开"列"下拉菜单 ，在菜单中选择"基本"选项。注意，TimeLiner 左侧任务表格中各列名称中仅显示"计划开始""计划结束""任务类型""附着的"等基本任务信息。

> **提示**
>
> 可打开"列"下拉菜单 ，在菜单中选择"标准""扩展""自定义"以切换数据的显示方式。当使用"自定义"时，Navisworks 允许用户在"选择 TimeLiner 列"对话框中指定要显示在任务列表中的信息。

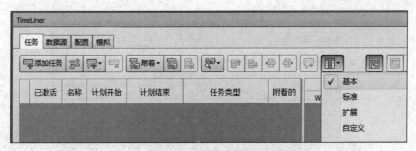

图 10.5　设置"基本"模式

（5）单击"添加任务"，在左侧任务表格中添加新施工任务，该施工任务默认名为"新任务"。单击任务"名称"列单元格，修改名称为"F1 柱"；单击"计划开始"列单元格，在弹出的日历中选择 2017 年 3 月 1 日；使用同样的方式修改"计划结束"日期为"2017 年 3 月 7 日"。单击"任务类型"列单元格，在下拉菜单中选择"构造"选项。右击"F1 柱"行，在快捷菜单中选择"集合→F1 柱"选项，会将 F1 结构柱选择集附着给该任务，如图 10.6 所示。

图 10.6　设置 F1 柱的施工信息

（6）执行同样的操作，按照图 10.7 所示的数据完成所有工作名称和时间的添加。

（7）如图 10.8 所示，选择所有行，右击，在弹出的快捷菜单中，选择"向下填充"选项，"任务类型"将自动全部显示为"构造"。

图 10.7　所有工作名称和时间的添加　　　　图 10.8　向下填充

（8）如图 10.9 所示，单击"使用规则自动附着"工具 ；如图 10.10 所示，勾选"使用相同名称、匹配大小写将 TimeLiner 任务从列名称对应到选择集"复选框，单击右下方"应用规则"，此时会看到"附着的"列将自动附着到与"名称"列的名称相同的集合，如图 10.11 所示。

图 10.9 使用规则自动附着

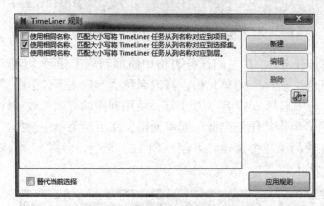

图 10.10 选择规则、应用规则

已激活	名称	计划开始	计划结束	任务类型	附着的
✓	F1柱	2017/3/1	2017/3/7	构造	集合->F1柱
✓	F2楼板	2017/3/8	2017/3/14	构造	集合->F2楼板
✓	F2柱	2017/3/15	2017/3/21	构造	集合->F2柱
✓	F3楼板	2017/3/22	2017/3/28	构造	集合->F3楼板
✓	F3柱	2017/3/29	2017/4/4	构造	集合->F3柱
✓	F4楼板	2017/4/5	2017/4/11	构造	集合->F4楼板
✓	F4柱	2017/4/12	2017/4/18	构造	集合->F4柱
✓	F5楼板	2017/4/19	2017/4/25	构造	集合->F5楼板
✓	F5柱	2017/4/26	2017/5/2	构造	集合->F5柱
✓	F6楼板	2017/5/3	2017/5/9	构造	集合->F6楼板
✓	F1墙	2017/5/10	2017/5/16	构造	集合->F1墙
✓	F2墙	2017/5/17	2017/5/23	构造	集合->F2墙
✓	F3墙	2017/5/24	2017/5/30	构造	集合->F3墙
✓	F4墙	2017/5/31	2017/6/6	构造	集合->F4墙
✓	F5墙	2017/6/7	2017/6/13	构造	集合->F5墙
✓	门窗幕墙	2017/6/14	2017/6/20	构造	集合->门窗幕墙
✓	其他	2017/6/21	2017/6/27	构造	集合->其他

图 10.11 自动附着完成

（9）如图 10.12 所示，激活工具栏中的"显示或隐藏甘特图"按钮 和"显示计划日期"按钮 ，Navisworks 将在 TimeLiner 对话框中显示当前施工计划的计划工期甘特图，用于以甘特图的方式查看各任务的前后关系。移动鼠标指针至各任务时间甘特图位置，Navisworks 将显示该甘特图时间线对应的任务名称以及开始结束时间。按住并左右拖动鼠标指针，可以修改任务时间线，此时不再修改。

修改任务甘特图将同时修改施工任务栏中该任务的计划开始时间和计划结束时间。

（10）展开工具栏中的"列"下拉菜单，在菜单中选择"选择列"选项，弹出"选择 TimeLiner 列"对话框。如图 10.13 所示，在 TimeLiner 数据列名称列表中勾选"状态""实际开始""实际结束""数据提供进度百分比"复选框，单击"确定"按钮，退出"选择 TimeLiner 列"对话框。

工作任务 10　制作虚拟施工视频

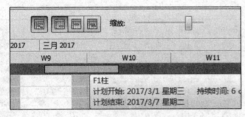

图 10.12　甘特图的显示和操作　　　　　　图 10.13　选择列

> **注意**
>
> 　　在施工任务列表中将出现"状态""实际开始""实际结束"和"数据提供进度百分比"列 ▬。如图 10.14 所示，在该列中将显示各任务的完成百分比数值。修改值将影响甘特图中任务完成百分比显示。
>
> | 已激活 | 名称 | 计划开始 | 计划结束 | 任务类型 | 附着的 | 状态 | 实际开始 | 实际结束 | |
> |---|---|---|---|---|---|---|---|---|---|
> | | | | | | | | | | |
>
> 图 10.14　列扩充

　　（11）分别修改"F1 柱"施工任务的"实际开始"和"实际结束"日期为"2017 年 2 月 27 日"和"2017 年 3 月 9 日"，该时间早于计划开始日期，晚于计划结束日期。注意，Navisworks 将在任务"状态"中标记该任务为 ▬，即实际开始日期早于计划开始日期，实际结束日期晚于计划结束日期。

　　（12）以类似的方式参照图 10.15 完成实际开始和实际结束日期的录入，注意观察任务状态的变化。注意，任务实际开始日期早于计划开始日期的将以蓝色显示任务状态；实际结束日期晚于计划结束日期的状态任务将以红色表示；而处在计划日期内的将以绿色状态表示。

名称	计划开始	计划结束	任务类型	附着的	状态	实际开始	实际结束	
F1 柱	2017/3/1 星期三	2017/3/7 星期二	构造	集合->F1 柱		2017/2/27 星期一	2017/3/9 星期四	0.00%
F2 楼板	2017/3/8 星期三	2017/3/14 星期二	构造	集合->F2 楼板		2017/3/8 星期三	2017/3/14 星期二	0.00%
F2 柱	2017/3/15 星期三	2017/3/21 星期二	构造	集合->F2 柱		2017/3/16 星期四	2017/3/22 星期三	0.00%
F3 楼板	2017/3/22 星期三	2017/3/28 星期二	构造	集合->F3 楼板		2017/3/20 星期一	2017/3/26 星期日	0.00%
F3 柱	2017/3/29 星期三	2017/4/4 星期二	构造	集合->F3 柱		2017/4/4 星期二	2017/4/4 星期二	0.00%

图 10.15 彩色版

图 10.15　设置实际开始和实际结束时间

> **提示**
>
> 修改"实际开始"与"实际结束"不会改变任务完成百分比。

（13）在"F4柱"上右击，选择"降级"选项。如图10.16所示，所选择任务将作为其前置任务"F4楼板"任务的一级子任务，同时"F4楼板"任务前出现折叠符号。单击该符号，可在任务列表中隐藏该任务包含的所有子任务，同时任务前折叠符号变为展开符号；单击展开符号，可展开显示子任务。

（14）选择"F5楼板"施工任务，右击，选择"降级"选项，该任务将成为"F4楼板"一级子任务；再次单击"降级"工具，该任务将降级为"F4柱"的子任务，成为"F4楼板"的二级子任务，如图10.17所示。

图 10.16　子任务的设置　　　　图 10.17　二级子任务的设置

（15）单击工具栏中的"升级"工具两次，提升该任务至主任务级别，回到原状态。

（16）展开工具栏中的"列"下拉菜单，在菜单中选择"扩展"选项，TimeLiner任务数据列表将显示"材料费""工费""脚本""动画"等数据列名称。

（17）如图10.18所示，单击"F1柱"的"动画"列，在列表中选择"F1柱生长 \ F1柱生长"动画；确认"动画行为"为"缩放"，即Navisworks将缩放Animator中已定义的动画时间长度，以适应当前任务在施工模拟显示时的播放时间。

图 10.18　动画的添加

> **提示**
>
> 在TimeLiner对话框中，除"缩放"外还可设置"动画行为"方式为"匹配开始"和"匹配结束"。"匹配开始"和"匹配结束"将根据当前任务在施工模拟动画的开始或结束时间匹配Animator动画的开始或结束时间。

至此，施工任务的设置全部完成。

（18）如图10.19所示，切换至TimeLiner对话框中的"模拟"选项卡，Navisworks将自动根据施工任务设置显示当前场景，单击"播放"按钮，在当前场景中预览施工任务进展情况。注意，当任务开始时，Navisworks 将以半透明绿色显示该任务中图元，而在任务结束时将以模型本身的颜色显示任务图元。在模拟显示"F1 柱"任务时，还将播放"F1 柱生长"动画（该动画位于 Animator 中）。

图 10.19　执行施工模拟操作

完成的项目文件见"工作任务 10/ 施工模拟完成 .nwd"。

> **小贴士**
>
> 除定义计划和实际开始及结束时间，Navisworks 还允许用户在 TimeLiner 对话框中定义各任务的材料费、人工费、机械费等，如图 10.20 所示。Navisworks 会自动根据上述费用计算该任务的总费用信息，实现对施工任务的初步信息管理。
>
> 图 10.20　费用的添加
>
> 在 TimeLiner 对话框中，可以为各施工任务关联脚本和动画，以便在施工模拟显示过程中显示各任务的同时触发脚本或播放动画，得到更加生动逼真的施工动画。例如，可以在结构柱施工任务中关联该选择集图元对应的 Z 轴缩放动画，在模拟显示该任务时将以生长动画的方式显示该任务。

2. 对不同的施工任务类型进行虚拟施工

在定义施工任务时，必须为每个施工任务指定"任务类型"。在 TimeLiner 中，任务类型决定该任务在施工模拟展示时图元显示的方式及状态。

在之前的操作中，已将每项施工任务的"任务类型"定义为"构造"，在任务开始时显示为"半透明绿色"，在任务结束时显示为"模型本身的颜色"。接下来，将自定义"任务类型"的显示状态，以调整图元在施工模拟中的表现。

（1）打开"工作任务 10\ 施工模拟完成 .nwd"场景文件。

（2）按照图 10.21 所示，为 F1 柱、F2 楼板、F2 柱、F3 楼板、F3 柱设置实际开始和结束时间。

（3）打开 TimeLiner 对话框，如图 10.22 所示。切换至"配置"选项卡，在配置列表中列举了当前场景中可用的任务类型，包括"构造""拆除"和"临时"三种类型。

对不同任务类型进行虚拟施工及参数设置

名称	状态	计划开始	计划结束	实际开始	实际结束	任务类型
F1柱		2017/3/1	2017/3/7	2017/2/27	2017/3/9	构造
F2楼板		2017/3/8	2017/3/14	2017/3/8	2017/3/14	构造
F2柱		2017/3/15	2017/3/21	2017/3/16	2017/3/22	构造
F3楼板		2017/3/22	2017/3/28	2017/3/20	2017/3/26	构造
F3柱		2017/3/29	2017/4/4	2017/4/4	2017/4/4	构造

图 10.21 设置实际开始、实际结束时间

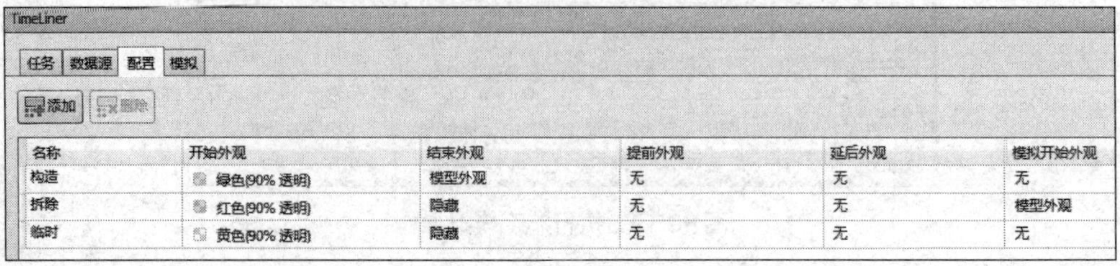

名称	开始外观	结束外观	提前外观	延后外观	模拟开始外观
构造	绿色(90% 透明)	模型外观	无	无	无
拆除	红色(90% 透明)	隐藏	无	无	模型外观
临时	黄色(90% 透明)	隐藏	无	无	无

图 10.22 TimeLiner 对话框

其中,"构造"类型在任务开始时"开始外观"显示为"绿色(90% 透明)",在"结束外观"显示为"模型外观"。

(4)单击 TimeLiner 对话框右上方"外观定义",弹出"外观定义"对话框。如图 10.23 所示,在外观定义列表中显示了白色、灰色等 10 种默认外观样式,可分别修改各外观的"名称""颜色"及"透明度"等参数。单击"添加",在列表中新建自定义外观,修改该外观"名称"为"蓝色";双击"颜色"色标,在弹出的"颜色"选择对话框中选择"蓝色"图标,单击"确定",退出"颜色"选择对话框;确认蓝色的"透明度"为 0,即不透明。保持其他设置不变,完成后单击"确定",退出"外观定义"对话框。

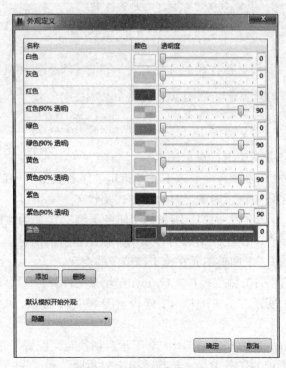

图 10.23 添加新的外观定义

（5）展开"构造"行的"提前外观"下拉菜单，注意上一步中定义的"蓝色"外观已显示在列表中。如图10.24所示，选择"蓝色"作为"提前外观"样式；使用类似的方式分别设置"开始外观""结束外观"和"延后外观"为"黄色""灰色"和"红色"。

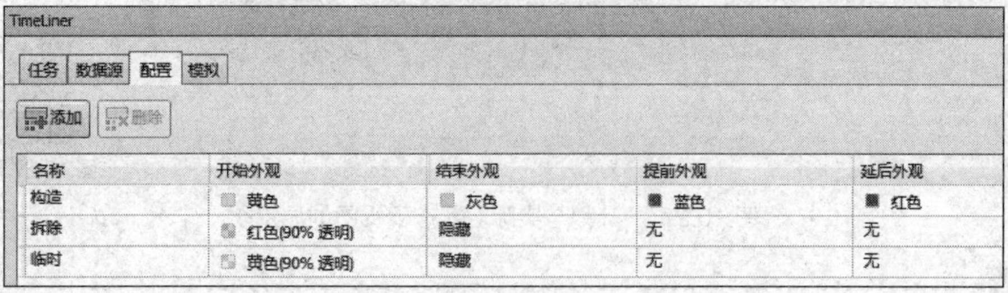

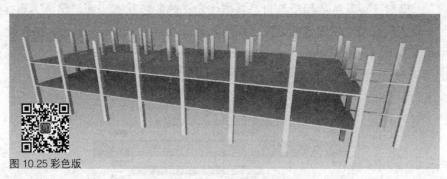

图 10.24　构造外观的设置

> **提示**
>
> 单击"添加"或"删除"，可在场景中添加新任务类型或删除已有任务类型。

（6）切换至"模拟"选项卡，单击"播放"按钮▷，在视口中预览显示施工进程模拟。如图10.25所示，观察场景区域内的图元，在任务开始时图元颜色已修改为黄色（扫描二维码查看），而在任务结束时将显示为灰色。

图 10.25　施工进度的模拟

（7）单击"模拟"选项卡→"设置"工具，打开"模拟设置"对话框。如图10.26所示，在"模拟设置"对话框中修改"视图"显示方式为"计划与实际"，单击"确定"按钮，退出"模拟设置"对话框。Navisworks将根据任务"实际"的开始、结束时间与"计划"的开始、结束时间分析任务是提前还是延后，并对场景中任务图元应用提前外观或延后外观显示施工动画模拟过程。

（8）单击"播放"按钮▷，在视口中预览施工进程模拟。如图10.27所示，在施工到三层楼板时，由于二层结构柱实际开始时间（3月16日）晚于计划开始时间（3月15日），所以显示为红色；三层楼板实际开始时间（3月20日）先于计划开始时间（3月22日），所以显示为蓝色。

图 10.26　设置"计划与实际"视图

图 10.27 彩色版

图 10.27 "计划与实际"状态下视图的显示

> **注意**
>
> 对于未定义实际开始时间与实际结束时间的任务,Navisworks 将采用"延后外观"显示该任务图元,即显示为红色。

完成的项目文件见"工作任务 10\ 施工模拟任务类型修改完成 .nwd"。

TimeLiner 利用任务类型中定义的开始外观、结束外观、提前外观和延后外观来控制施工模拟时图元外观的显示,以此来标识图元的任务状态。除外观定义中定义的颜色和透明度,Navisworks 还提供了两种系统默认的外观状态。如图 10.28 所示,即"模型外观"和"隐藏"。"模型外观"将使用模型自身材质中定义的颜色状态,而"隐藏"则在视图中隐藏图元。隐藏状态通常用于任务结束后即消失的任务图元(如施工机械、模板等)。

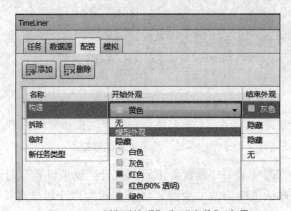

图 10.28 "模型外观"和"隐藏"选项

3. 设置虚拟施工视频的显示参数

完成施工任务设置及任务类型配置之后,可随时通过 TimeLiner 的"模拟"选项卡对施工任务进行模拟,Navisworks 将以 4D 动画的方式显示各施工任务对应图元的先后施工关系。在前述操作中已使用动画预览功能在场景中对施工模拟动画进行了预览。

Navisworks 允许用户设置施工动画的显示内容、模拟时长、信息显示等信息。接下来通过具体操作说明控制 TimeLiner 施工动画的详细步骤。

(1)打开"第 10 章\施工模拟视频显示设置 .nwd"。

(2)打开 TimeLiner 对话框,切换至"模拟"选项卡。单击"播放"按钮,在当前场景中预览当前施工动画。

（3）单击"设置"，弹出的"模拟设置"对话框，如图10.29所示。

"替代开始/结束日期"选项用于设置仅在模拟时模拟指定时间范围内的施工任务，在本操作中不勾选该复选框。

"时间间隔大小"的值用于定义施工动画每一帧之间的步长间隔，可按整个动画的百分比以及时间间隔进行设置。修改"时间间隔大小"值为1、单位为"天"，即每天生成一个动画关键帧。

"回放持续时间（秒）"选项用于定义播放完成当前场景中所有已定义的施工任务所需要的动画时间总长度，修改该值为30s，即施工模拟的动画总时长为30s。

图10.29 "模拟设置"对话框

（4）单击"确定"按钮，退出"模拟设置"对话框。

（5）单击"播放"按钮，预览施工模拟动画，此时Navisworks将以1天为单位显示场景中的每一帧，持续时间为30s。注意，左上方施工信息文字显示了当前任务的时间信息。

（6）再次打开"模拟设置"对话框。如图10.30所示，单击"覆盖文本"设置栏中的"编辑"，打开"覆盖文本"对话框。移动光标至文本末尾，单击"其他"，在弹出列表中选择"当前活动任务"选项，Navisworks将自动添加$TASKS字段。完成后单击"确定"按钮，退出"覆盖文本"对话框。再次单击"确定"按钮，退出"模拟设置"对话框。

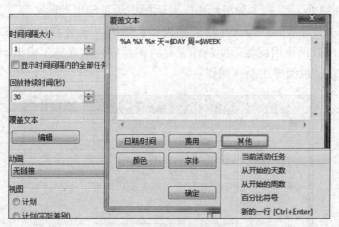

图10.30 覆盖文本的添加

（7）再次单击动画"播放"工具，左上方文字信息中将包含当前任务名称信息，如图10.31所示。

（8）再次打开"模拟设置"对话框。如图10.32所示，展开"动画"设置栏中的下拉菜单，在菜单中选择"相机→相机1"选项，该动画使用Animator功能中的"相机1"动画。完成后单击"确定"按钮，退出"模拟设置"对话框。

图 10.31 文字信息的显示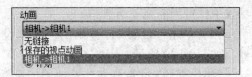

图 10.32 添加相机动画

> **注意**
>
> 在施工模拟设置中，仅能使用相机动画和视点动画，不能使用图元动画、剖面动画等。

（9）再次使用"播放"工具，预览当前施工任务模拟，Navisworks 在显示施工任务的同时将播放旋转动画，实现场景旋转展示。

完成的项目文件见"第 10 章\施工模拟视频显示设置完成 .nwd"。

4. 导出虚拟施工视频

（1）如图 10.33 所示，单击 TimeLiner 对话框右上方的"导出"按钮，打开"导出动画"对话框。

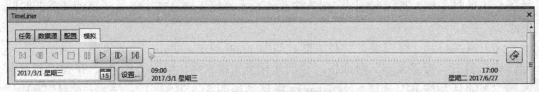

图 10.33 导出动画

（2）如图 10.34 所示，在"导出动画"对话框中设置导出动画"源"为"TimeLiner 模拟"，可以直接导出为 Windows AVI 格式的视频，也可以导出 JPEG 格式的图片序列。若导出图片格式，可以再使用视频后期制作工具将图片序列生成施工模拟动画。在本操作中单击"取消"按钮，取消导出动画操作。

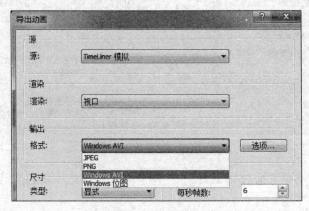

图 10.34 导出动画的设置

至此完成本操作，关闭当前场景，不保存对场景的修改。

小贴士

在施工动画模拟过程中,在夜晚等非工作时段 Navisworks 将不显示施工任务,表示该时间内无施工任务安排。Navisworks 允许用户自定义工作时间,按 F12 快捷键打开"选项编辑器"对话框,如图 10.35 所示。展开"工具"→ TimeLiner 选项,可在右侧设置工作日开始和工作日结束的时间,并设置 TimeLiner 任务中日期的显示方式。勾选"显示时间"复选框,还将在任务中显示任务开始的具体时间。如图 10.36 所示,显示具体的时间点。

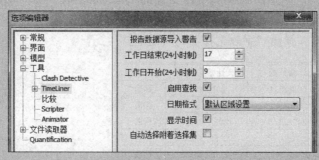

图 10.35 "选项编辑器"对话框

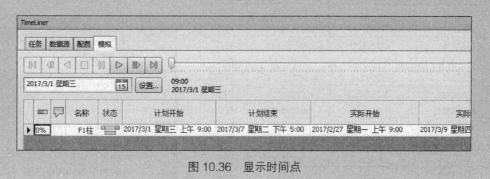

图 10.36 显示时间点

典型工作 10.3 自动匹配进行虚拟施工

工作场景描述

BIM 工程师陈某接到一项工作任务——按照工程管理部门制定的 Excel 施工进度计划文件进行虚拟施工展示。陈某考虑可否将这个 Excel 文件直接导入 TimeLiner 中,而不是逐个手动输入施工任务呢?

陈某使用 TimeLiner 中的"数据源"载入的方法,直接载入 Excel 数据源进行虚拟施工。

自动匹配进行虚拟施工

任务解决

Navisworks 提供了多种数据对应规则,用于 TimeLiner 自动匹配。例如,可以链接外部施工组织计划数据,通过自动对应规则,自动匹配对应构件。

要实现自动匹配,必须指定匹配规则,Navisworks 将根据匹配规则的设置,在满足指定对应关系的数据与图元间实现自动映射。下面以自动匹配 CSV 表格中的施工进度为例,说明 Navisworks 中使用自动匹配规则的一般方法。

(1)打开"工作任务 10\综合实训楼项目(TimeLiner 用).nwd"。

(2)打开"工作任务 10\进度计划 .csv"文件,如图 10.37 所示,观察到该 csv 文件定义了任务名称、计划开始、计划结束及任务类型四列数据。

(3)返回 Navisworks,激活 TimeLiner 对话框。如图 10.38 所示,切换至"数据源"选项卡,单击"添加",弹出 Navisworks 支持的 TimeLiner 施工组织数据格式列表;在列表中选择"CSV 导入"选项,弹出"打开"对话框。浏览至"工作任务 10\进度计划 .csv"文件,单击"打开",弹出"字段选择器"对话框。

图 10.37 施工进度计划

图 10.38 外部文件导入

(4)如图 10.39 所示,在"字段选择器"对话框中勾选"行 1 包含标题"复选框,即认为该 CSV 文件的第 1 行是标题行;设置日期/时间格式为"自动检测日期/时间格式";设置列中"任务名称"对应外部字段名为"任务名称","任务类型"对应外部字段名为"任务类型","计划开始日期"对应外部字段名为"计划开始","计划结束日期"对应外部字段名为"计划结束",其他参数默认。单击"确定",退出"字段选择器"对话框,弹出"CSV 设置无效"对话框,如图 10.40 所示。单击"否"按钮,此时将在 TimeLiner 中显示上一步中添加的 CSV 数据源。

> **提示**
>
> 当外部数据发生变化时,"同步 ID"用于指定 Navisworks 以何字段作为变化检索的依据,一般以任务名称作为"同步 ID"。

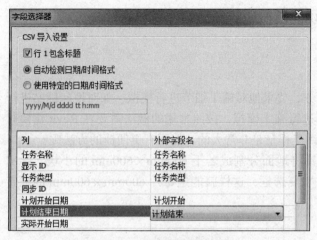

图 10.39　字段选择器的设置

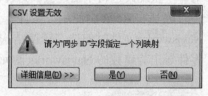

图 10.40　"CSV 设置无效"对话框

（5）如图 10.41 所示，右击数据源名称，在弹出的快捷菜单中选择"重建任务层次"选项。切换至"任务"选项卡，会看到 Navisworks 已经根据 CSV 文件中定义的任务名称、计划开始时间、计划结束时间、任务类型生成施工任务。注意，目前这些任务还未附着任何对象图元。

（6）注意应使"任务名称"与"选择集名称"相同，因此单击"使用规则自动附着"工具 ，如图 10.42 所示。选择"使用相同名称、匹配大小写将 TimeLiner 任务从列名称对应到选择集"。如图 10.43 所示，会看到若"选择集名称"与"任务名称"相同，则该选择集将自动附着到该项任务。

图 10.41　重建任务层次

图 10.42　使用规则自动附着

图 10.43　集合自动附着

（7）切换至"模拟"选项卡，单击"播放"工具 ，查看当前施工进程模拟动画。完成的文件见"工作任务 10\TimeLiner 自动匹配完成 .nwd"。

典型工作 10.4　使用 Revit 零件功能模拟地砖铺贴顺序

使用 Revit 零件功能模拟地砖铺贴顺序

工作场景描述

BIM 工程师陈某接到一项工作任务，要求他对施工细节进行模拟，如对地砖铺贴进行模拟。陈某考虑若要对每一块地砖都进行施工模拟，按照常规的做法需要在 Revit 建模时对每一块地砖进行单独建模。这样的话工程量是非常大的，能否有更便捷的方法呢？

陈某在 Revit 中使用"零件"工具将地面分割成若干 600mm×600mm 的小块，导出 Navisworks 文件时勾选"转换结构件"复选框，这样就能把每片 600mm×600mm 的地砖零件导出为单独的 Navisworks 图元了。

任务解决

在制作施工模拟动画时，可能需要对施工细节进行展示。例如，模拟室内精装修时，需要模拟地砖的铺装顺序。在导入 Revit 创建的场景模型时，可以使用 Revit 的"创建零件"工具对图元进行细分，而不需要单独创建多个细部模型。在 Navisworks 中，零件将作为独立对象图元，可对导入的各零件或部件赋予施工任务。

（1）打开"工作任务 10\ 地砖楼板 .rvt"。

（2）选择楼板。如图 10.44 所示，单击"修改 | 楼板"→"创建"面板→"创建零件"工具。此时，楼板拆分为 15mm 地砖、15mm 水泥砂浆、120mm 混凝土三个零件，如图 10.45 所示。

（3）在标高 1 楼层平面中，将"属性"面板中的"零件可见性"设置为"显示零件"，选择"15mm 地砖"零件，单击"分割零件"工具。

（4）选择"编辑草图"工具，按照图 10.46 所示将地面分割成若干 600mm×600mm 的小块。

分割完成的项目文件见"工作任务 10\ 地砖楼板零件分割完成 .rvt"。

图 10.44　"创建零件"工具

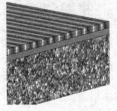

图 10.45　三个零件

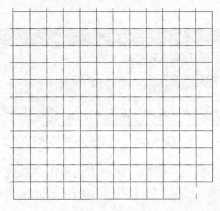

图 10.46　将地面分割成若干 600mm×600mm 的小块

（5）将 Revit 文件导出为 Navisworks 文件，在导出时单击"Navisworks 设置"，确保勾选"转换结构件"复选框，如图 10.47 所示。

（6）模型导入 Navisworks 后，选择场景文件中的零件，查看其特性。如图 10.48 所示，Navisworks 将该零件图元识别为"零件"，Navisworks 将保留该零件的所有特征。可像其他图元一样对每个分割的零件进行选择，以及在 TimeLiner 中定义施工任务，以达到模拟施工细节的目的。

图 10.47　勾选"转换结构件"复选框　　　　图 10.48　在 Navisworks 中显示为零件

完成的 Navisworks 文件见"工作任务 10\ 地砖楼板零件分割完成 .nwd"。

鲁班奖与建筑虚拟仿真技术

中国建设工程鲁班奖（国家优质工程），简称鲁班奖，是一项由中华人民共和国住房和城乡建设部指导、中国建筑业协会实施评选的奖项，是中国建筑行业针对工程质量颁发的最高荣誉奖。

申报中国建设工程鲁班奖（国家优质工程）的工程应积极采用新技术、新工艺、新材料、新设备，要求其中有一项中国国内领先水平的创新技术或采用"建筑业 10 项新技术"不少于 6 项。

"建筑业 10 项新技术"中与建筑虚拟仿真技术相关的为第 10 项——"10 信息化技术"，该技术包括以下九项技术。

10.1 基于 BIM 的现场施工管理信息技术。

10.2 基于大数据的项目成本分析与控制信息技术。

10.3 基于云计算的电子商务采购技术。

10.4 基于互联网的项目多方协同管理技术。

10.5 基于移动互联网的项目动态管理信息技术。

10.6 基于物联网的工程总承包项目物资全过程监管技术。

10.7 基于物联网的劳务管理信息技术。

10.8 基于 GIS 和物联网的建筑垃圾监管技术。

10.9 基于智能化的装配式建筑产品生产与施工管理信息技术。

我国正在建设现代化产业体系,推动战略性新兴产业融合集群发展,构建新一代信息技术、人工智能等一批新的增长引擎。

 工作总结

单击"常用"选项卡→"工具"面板→ TimeLiner 工具,打开 TimeLiner 对话框。单击"添加任务"工具,在左侧任务表格中添加新施工任务,包括计划开始时间、计划结束时间、"构造"施工任务、附着集合。按照以上操作,完成所有工作任务和时间的添加。切换至 TimeLiner 对话框中的"模拟"选项卡,单击"播放"工具 ▷,在当前场景中预览施工任务进展情况。

施工任务类型包括"构造""拆除"和"临时"三种类型。

添加外部施工组织数据 CSV 文件,使用规则自动附着,选择集自动附着到该任务,切换至"模拟"选项卡,单击"播放"工具 ▷,查看当前施工进程模拟动画。

除在 Navisworks 中浏览和查看三维场景数据,还可以利用 Navisworks 提供的 TimeLiner 模块,根据施工进度安排为场景中每一个选择集中的图元定义施工时间和日期、任务类型等信息,生成具有施工顺序信息的 4D 信息模型,并利用 Navisworks 提供的动画展示工具,根据施工时间生成用于展示项目施工场地布置及施工过程的模拟动画。

利用 TimeLiner 模块,可以直接创建施工节点和任务,也可以导入 Project、Excel 等施工进度管理工具生成的进度数据,自动生成施工节点数据。

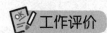 工作评价

工作评价表

序号	评分项目	分值	评 价 内 容	自评	互评	教师评分	客户评分
1	Navisworks 虚拟施工原理	15	虚拟施工的 6 条原理,15 分				
2	使用 TimeLiner 进行虚拟施工	35	1. 对既定的工作任务做虚拟施工,12 分 2. 对不同的施工任务类型进行虚拟施工,8 分 3. 设置虚拟施工视频的显示参数,8 分 4. 导出虚拟施工视频,7 分				
3	自动匹配进行虚拟施工	25	1. 导入数据源做特性匹配,15 分 2. "选择集"名称与"任务"名称匹配,10 分				
4	使用 Revit 零件功能模拟地砖铺贴顺序	25	1. Revit 地砖零件分割,19 分 2. Revit 零件导出为 Navisworks 文件,6 分				
	总 分						

工作任务 11　进行工程量计算

工作任务书

项　目	具　体　内　容
岗位标准	1.《建筑信息模型技术员国家职业技能标准》（2021年版），职业编码：4-04-05-04 2."1+X"建筑信息模型（BIM）职业技能等级标准
技术标准	《建筑信息模型应用统一标准》(GB/T 51212—2016)、《建筑信息模型施工应用标准》(GB/T 51235—2017)、《建筑信息模型设计交付标准》(GB/T 51301—2018)
技术要求	对墙体进行工程量计算，要求墙体分为一层外墙、二层及以上外墙、内墙计算墙体的长度、面积、体积，其中一层外墙在算量状态下显示为绿色、50%透明度，二层及以上外墙在算量状态下显示为紫色、50%透明度，内墙在算量状态下显示为蓝色、50%透明度 在场景文件上能够将已经算量的图元进行隐藏 对"道路"图元进行虚拟算量，道路长度为500m 将算量结果和算量模板进行导出，要求该算量模板能够用于其他场景文件
工作任务	典型工作11.1　使用 Quantification 算量 典型工作11.2　应用算量模板算量
交付内容	算量结果导出 .xlsx 工程量计算完成 .nwd 算量模板导出 .xml
工作成图 （参考图）	

工作任务11
工作文件

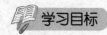

学习目标

1. 知识目标
- 掌握 Quantification 的组成。
- 掌握 Quantification 算量的方法。
- 掌握算量模板的应用。

2. 能力目标
- 能够对墙体进行工程量计算，并设置各种墙体在算量状态下的颜色、透明度。
- 能够对已经算量完成的图元进行隐藏。
- 能够对道路进行虚拟算量。
- 能够将算量模板进行导出，在其他场景文件中能够直接应用该算量模板。

典型工作 11.1　使用 Quantification 算量

使用 Quantification 算量

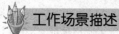

BIM 工程师陈某接到一项工作任务，需要他根据模型计算工程量。

陈某使用 Quantification 模块，在其中创建了"项目目录""资源目录"，在"Quantification 工作簿"中进行算量。

任务解决

Quantification 模块基于 Navisworks 中的场景模型进行工程量计算。如图 11.1 所示，Quantification 模块由"Quantification 工作簿""项目目录"和"资源目录"组成。"Quantification 工作簿"是主要的工作空间，通常在此处进行模型（自动）算量或虚拟（手动）算量；"项目目录"通常用来定义项目的组织结构，并且包含用于算量的项目和材质分组，同时它是用于算量的数据库组织，"项目目录"中的项目可以直接与模型对象（如墙或窗）相关联，项目可以单独存在，也可以包含资源；"资源目录"是项目的资源数据库。资源根据功能和类型（如材质、设备或工具）进行关联，并且可以包括墙板、涂层或结构构件。"资源目录"和"项目目录"共享相同的结构、选择树、变量窗格和常规信息。

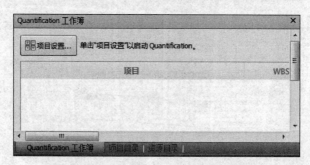

图 11.1　"Quantification 工作簿"窗口

Quantification 工作流程大致为：打开 Quantification→创建目录→创建算量→虚拟算量→算量导出。

1. 打开 Quantification

（1）打开"工作任务 11\工程量计算.nwd"。

（2）单击"常用"选项卡→"工具"面板→Quantification 工具，打开"Quantification 工作簿"。

（3）第一次使用 Quantification 工具时需要进行算量设置。如图 11.2 所示，单击"Quantification 工作簿"中的"项目设置"，打开"Quantification 设置向导"对话框。

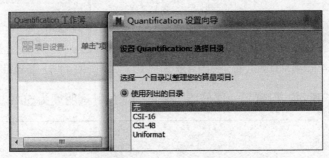

图 11.2 "Quantification 设置向导"对话框

（4）在"Quantification 设置向导"中可以选择本项目算量的项目目录结构。Navisworks 内置 CSI-16、CSI-48 及 Uniformat 几种预设的项目 WBS（Work Breakdown Structure）组织结构。在本操作中，选择"无"并单击"下一步"按钮，即不使用任何预设的标准。

> **提示**
>
> CSI-16、CSI-48 及 Uniformat 是由美国建筑标准协会提出的建筑分解方式。其中 CSI-16、CSI-48 又称 MasterFormat，该规则是按构件材料特性进行分类；Uniformat 则按构件的建筑功能进行分类。

（5）设置测量单位为"公制"。即不论原场景中单位如何，都将按公制单位进行测量和计算。单击"下一步"，进入"Quantification：选择算量特性"设置，可分别设置模型的长度和宽度单位。本步骤不做任何修改，单击"下一步"按钮。

（6）单击"完成"按钮，退出"Quantification 设置向导"对话框。

2. 创建目录

统计墙的时候，不仅要按墙的功能统计，同时也要按墙的材质进行统计，所以建立这个墙目录的时候，要进行一定的归纳。

（1）如图 11.3 所示，单击"Quantification 工作簿"对话框中的"显示或隐藏项目目录或资源目录"工具 ，在列表中勾选"项目目录"和"资源目录"复选框。如图 11.4 所示，此时"项目目录"和"资源目录"窗口名称位于"Quantification 工作簿"右侧。单击下方的"项目目录"进入"项目目录"对话框。

（2）如图 11.5 所示，在"项目目录"中单击"新建组"，创建新分组，修改"组名称"为"墙"；然后在"墙"的这组级别下再单击"新建项目"命名为"一层外墙"。

图 11.3　确保勾选"项目目录"和"资源目录"复选框

图 11.4　"项目目录"和"资源目录"

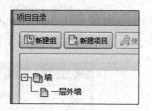

图 11.5　新建组和项目

（3）如图 11.6 所示，设置"一层外墙"颜色为绿色、透明度为 50%。

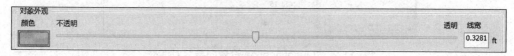

图 11.6　"外墙"项目的设置

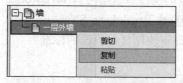

图 11.7　复制"外墙"项目

（4）建立"二层及以上外墙"项目的方法有两种。第一种就是按照创建"一层外墙"的方法再次创建一遍；第二种，如图 11.7 所示，可以选择复制"一层外墙"，然后在"墙"组上右击选择"复制"进行"粘贴"，重命名为"二层及以上外墙"。

> **注意**
>
> 复制过后的"二层及以上外墙"还是延续了之前的工作分解结构（WBS 为 1.1），所以还需要对其值进行增加和修改。如图 11.8 所示，把工作分解结构改为 2（WBS 为 1.2），颜色改为紫色，透明度改为 50%。
>
>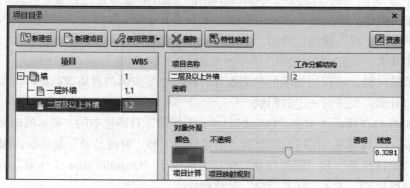
>
> 图 11.8　"外墙"项目的设置

（5）采用同样的方法，如图11.9所示，创建"内墙"项目，工作分解结构为1.3，对象外观为蓝色、50%透明度。

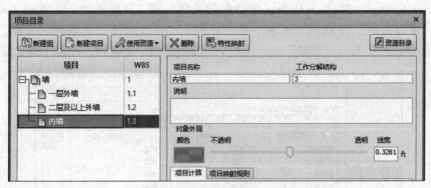

图11.9 创建"内墙"项目

（6）可以添加资源，以添加"材质"资源为例进行说明。继续在"墙"组上新建项目并命名为"材质"。如图11.10所示，单击"材质"，单击"使用新的主资源"工具，分别建立"白色涂料""蓝灰色涂料""真石漆"。

（7）诸如此类，继续通过复制和创建的方法来增加新的组和项目。按照图11.11所示组织架构搭建后，就完成了一个最基本的"项目目录"的创建。

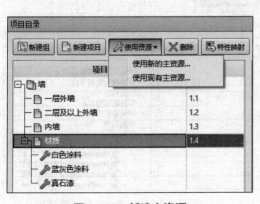

图11.10 新建主资源

图11.11 "项目目录"创建

（8）创建一个"特性映射"，这个映射会让后面创建的算量自动关联一些指定的特性属性。具体操作如下：在"项目目录"对话框中选择"特性映射"，弹出"弹性映射"窗口，如图11.12所示。单击 按钮，进行参数关联，将"模型长度"关联到"元素"的"长度"，"模型高度"关联到"元素"的"高度"，"模型周长"关联到"元素"的"周长"，"模型体积"关联到"元素"的"体积"，"模型面积"关联到"元素"的"面积"。

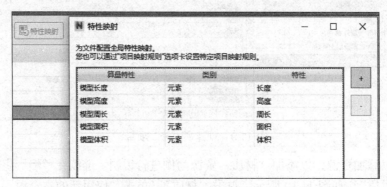

图11.12 "特性映射"窗口

3. 创建算量

把需要算量的模型跟项目目录产生关联，此时需要用到"选择树"或"搜索集"。

例如，要使算量墙组中的一层外墙与一层外墙模型发生关联，就需要知道一层外墙模型的名称是什么。具体操作步骤如下。

（1）在模型上选择一层外墙，在"特性"对话框中查看元素的名称，可以得知该项目一层外墙"元素"的"名称"为"外墙 - 真石漆"，如图11.13所示。

（2）如图11.14所示，打开"选择树"并把它切换为"特性"，并在"元素"下找到"类型"。如图11.15所示，找到"外墙 - 真石漆"，在"选择树"上选中此外墙类型。打开"Quantification 工作簿"，将"选择树"上选中的此外墙类型拖曳到"Quantification 工作簿"的"一层外墙"项目上。如图11.16所示，此时此类型的所有墙就在"一层外墙"项目下创建了算量，并且此外墙模型在算量的状态下以之前设置过的绿色、50% 透明度显示，模型外观如图11.17所示。

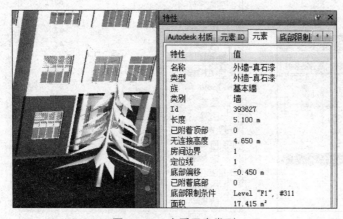

图11.13 查看元素类型

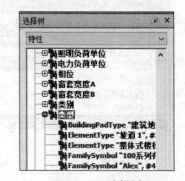

图11.14 选择树

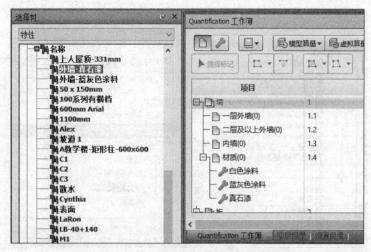

图 11.15 拖曳进 "Quantification 工作簿"

状态	WBS	对象	模型面积	模型体积
	1.1.1	基本墙	18.693 m²	4.486 m³
	1.1.2	基本墙	29.295 m²	7.031 m³
	1.1.3	基本墙	23.670 m²	5.681 m³
	1.1.4	基本墙	11.160 m²	2.678 m³
	1.1.5	基本墙	135.900 m²	32.616 m³
	1.1.6	基本墙	81.240 m²	19.498 m³
	1.1.7	基本墙	33.225 m²	7.974 m³

图 11.16 生成的"一层外墙"算量结果

图 11.17 模型外观

（3）按照同样的方法，在"特性"对话框中查到，二层及以上外墙的元素名称为"外墙 - 蓝灰色涂料"。如图 11.18 所示，在"选择树"中选择该元素并将其拖曳到"Quantification 工作簿"的"二层及以上外墙（48）"项目上，"Quantification 工作簿"中会自动出现工程量计算结果；同时，在场景文件中，二层及以上外墙会以紫色、50% 透明度显示出来。

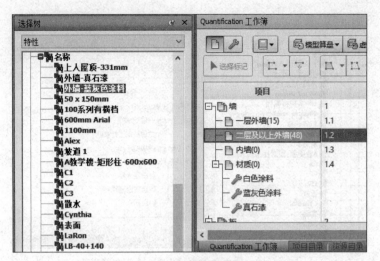

图 11.18 内墙算量操作

（4）单击"Quantification 工作簿"对话框中的"隐藏算量"工具，如图 11.19 所示，把已经进行算量的模型隐藏起来，减少模型在视觉上的干扰，以便可以更快地选择需要的模型，进行下一步的模型关联工作。隐藏算量后的模型外观如图 11.20 所示。

图 11.19 隐藏算量

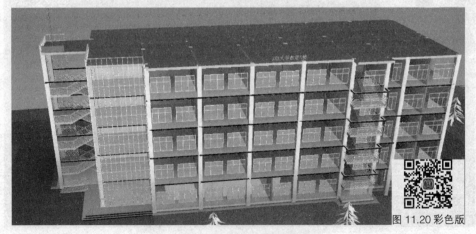

图 11.20 隐藏算量后的模型外观

4. 虚拟算量

并不是所有的模型都有属性值可以提取，那么没有属性的模型如何算量呢？可以通过"虚拟算量"，即通过手动输入算量值的方式进行处理。

以场地中道路的长度算量为例进行说明。道路的长度信息是地形上没有的信息，可以采用虚拟算量的方式进行呈现，具体操作如下。

（1）如图 11.21 所示，在"项目目录"中新建"场地"组、"道路"项目。

图 11.21　新建"场地"组、"道路"项目

（2）进入"Quantification 工作簿"，选择"场地"组下的"道路"项目，单击"虚拟算量"中的"创建位置：道路"按钮，即可创建一个虚拟算量对象，如图 11.22 所示。对其模型长度数据进行编辑，输入模型长度值为 500m（见图 11.23），按 Enter 键。

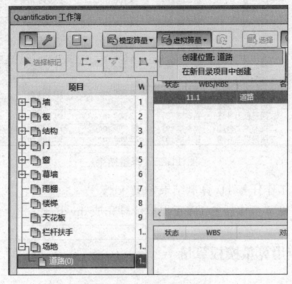

图 11.22　创建虚拟算量

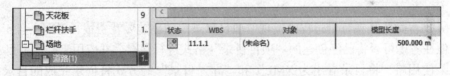

图 11.23　编辑虚拟算量

5. 算量导出

（1）单击 Quantification 按钮，进入"Quantification 工作簿"对话框。

（2）如图 11.24 所示，单击对话框右侧的"将算量导出为 Excel"，并命名。算量结果如图 11.25 所示。

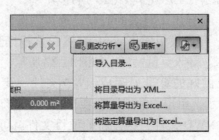

图 11.24　导出算量结果

WBS/	组1	项目	对象	模型长	模型面	模型体
1	墙					
1.1	墙	一层外墙				
1.1.1	墙	一层外墙	基本墙	3.900 m	18.693 m²	4.486 m³
1.1.2	墙	一层外墙	基本墙 (2)	6.300 m	29.295 m²	7.031 m³
1.1.3	墙	一层外墙	基本墙 (3)	7.800 m	23.670 m²	5.681 m³
1.1.4	墙	一层外墙	基本墙 (4)	2.400 m	11.160 m²	2.678 m³
1.1.5	墙	一层外墙	基本墙 (5)	44.400 m	135.900 m²	32.616 m³
1.1.6	墙	一层外墙	基本墙 (6)	18.400 m	81.240 m²	19.498 m³
1.1.7	墙	一层外墙	基本墙 (7)	10.500 m	33.225 m²	7.974 m³
1.1.8	墙	一层外墙	基本墙 (8)	3.600 m	16.740 m²	4.018 m³
1.1.9	墙	一层外墙	基本墙 (9)	5.100 m	17.415 m²	4.180 m³
1.1.10	墙	一层外墙	基本墙 (10)	1.500 m	6.975 m²	1.674 m³
1.1.11	墙	一层外墙	基本墙 (11)	28.800 m	88.560 m²	21.254 m³
1.1.12	墙	一层外墙	基本墙 (12)	2.100 m	9.207 m²	2.210 m³
1.1.13	墙	一层外墙	基本墙 (13)	8.400 m	39.060 m²	9.374 m³
1.1.14	墙	一层外墙	基本墙 (14)	6.600 m	2.970 m²	0.713 m³
1.1.15	墙	一层外墙	基本墙 (15)	3.000 m	1.296 m²	0.311 m³
1.2	墙	二层及以上外墙				
1.2.1	墙	二层及以上外墙	基本墙	3.900 m	16.884 m²	4.052 m³
1.2.2	墙	二层及以上外墙	基本墙 (2)	6.300 m	26.460 m²	6.350 m³
1.2.3	墙	二层及以上外墙	基本墙 (3)	7.800 m	19.152 m²	4.596 m³
1.2.4	墙	二层及以上外墙	基本墙 (4)	44.400 m	115.920 m²	27.821 m³
1.2.5	墙	二层及以上外墙	基本墙 (5)	22.900 m	93.180 m²	22.363 m³

图 11.25　算量结果

导出的文件见"工作任务 11\ 算量结果导出 .xlsx"。

完成的项目文件见"工作任务 11\ 工程量计算完成 .nwd"。

典型工作 11.2　应用算量模板算量

应用算量
模板算量

工作场景描述

BIM 工程师陈某在算量过程中发现"项目目录"的创建要花费很长时间，且工作类型单一，他在考虑可否将已经创建的"项目目录"格式进行保存，并应用于其他项目？

陈某使用将"将目录导出为 XML"和"导入目录"的方式将创建完成的目录格式导出为外部文件，并可以导入其他项目中直接使用。

任务解决

可以快速地把一些设置类的工作应用到其他项目中，如"项目目录"的重复使用等。这里有以下两种方法［如步骤（1）和步骤（2）所述］。

（1）如图 11.26 所示，在导出工料表的时候，选择"将目录导出为 XML"选项，导出的文件见"工作任务 11\ 算量模板导出 .xml"；然后重新打开"工作任务 11\ 工程量计算 .nwd"，单击"导入目录"导入算量模板，如图 11.27 所示。

（2）直接将当前已经做好的算量另存成 NWD 文件。其他项目再用时，先打开此 NWD 文件。如图 11.28 所示，单击"常用"选项卡→"附加"工具，把此新模型附加进来，然后选择树中删除该 NWD 文件，这样新的项目文件就可以使用之前做好的算量设置了。

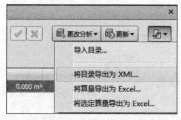
图 11.26　导出算量模板

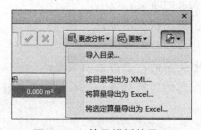
图 11.27　算量模板的导入

图 11.28　"附加"工具

（3）如图 11.29 所示，在"Quantification 工作簿"对话框中选择"重新应用 Quantification 外观"选项，即可更新模型项目颜色。

图 11.29　重新应用 Quantification 外观

这样就相当于有了自己的算量样板文件，在进行以后的项目中可以不断积累并更新此样板，最终形成不同精度或需求的算量样板。在没有设计文件，只有 Navisworks 项目模型的情况下，也能相对比较容易得到自己需要的一些项目上的估算成果。

思想提升

职业道德

使用 Navisworks 的 Quantification 模块可以自定义算量组、算量项目以及算量规则，随着算量项目的增多，自定义的算量模板可以持续扩增与优化，并能用于其他任何工程。掌握此技能，将为成为造价工程师打下良好的算量基础。造价工程师，是指通过职业资格考试取得中华人民共和国造价工程师职业资格证书，并经注册后从事建设工程造价工作的专业技术人员。

弘扬中华传统美德，弘扬诚信文化，造价工程师应具有以下职业道德。

（1）造价工程师应该有高度的政治觉悟和思想水平，要热爱祖国、热爱人民、热爱社会主义、热爱本职工作，坚持以为人民服务为宗旨，做到人民的利益高于一切，能够用马克思主义的立场、观点和方法去观察、处理社会主义市场经济中出现的新情况、新问题。

（2）造价工程师应该有强烈的事业心和责任感。有了强烈的事业心，才会产生认真负责、恪尽职守的高度责任感。同时，为了维护造价工程师的职业荣誉和尊严，还应做到谦虚谨慎、实事求是、坚持原则、团结互助、真诚待人，应诚实、公平、全心全意地为雇主、委托人服务。

住房和城乡建设部令第 32 号《注册造价工程师管理办法》（2020 年修正）第十七条，造价工程师应履行下列义务：

（1）遵守法律、法规、有关管理规定，恪守职业道德；
（2）保证执业活动成果的质量；
（3）接受继续教育，提高执业水平；
（4）执行工程造价标准和计价方法；
（5）与当事人有利害关系的，应当主动回避；
（6）保守在执业中知悉的国家秘密和他人的商业、技术秘密。

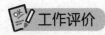 工作总结

单击"常用"选项卡→"工具"面板→Quantification工具，打开"Quantification工作簿"对话框。在列表中勾选"项目目录"和"资源目录"复选框。新建"组名称"为"墙"，"新建项目"命名为"一层外墙"，设置外墙的"工作分解结构""对象外观""项目映射规则"。在"特性映射"窗口中单击 ■ 按钮，设置相关的参数关联。将"选择树"上选中的此外墙类型拖曳到Quantification"外墙"项目中，此类型的所有墙就在外墙的分类下创建了算量。在Quantification对话框中选择"将工料导出为Excel"，导出算量结果。

在导出工料表的时候，选择"将目录导出为XML"，在新创建的Navisworks模型中，单击"导入目录"，可以应用该算量模板；也可以将当前已经做好的算量另存成NWD文件，其他项目再用时，使用"附加"工具把此新模型附加进来，然后选择树中删除该NWD文件，这样新的项目文件就可以使用之前做好的算量设置了。

在"Quantification工作簿"对话框中选择"重新应用Quantification外观"工具，即可更新模型项目颜色。

工作评价

工作评价表

序号	评分项目	分值	评价内容	自评	互评	教师评分	客户评分
1	使用Quantification算量	70	1. 打开Quantification，10分 2. 创建目录，15分 3. 创建算量，20分 4. 虚拟算量，15分 5. 算量导出，10分				
2	应用算量模板算量	30	1. 导出算量模板，15分 2. 导入应用算量模板，15分				
	总 分						

工作任务 12 整合管理外部数据

工作任务书

项 目	具 体 内 容
岗位标准	1.《建筑信息模型技术员国家职业技能标准》(2021年版),职业编码:4-04-05-04 2. "1+X"建筑信息模型(BIM)职业技能等级标准
技术标准	《建筑信息模型应用统一标准》(GB/T 51212—2016)、《建筑信息模型施工应用标准》(GB/T 51235—2017)、《建筑信息模型设计交付标准》(GB/T 51301—2018)
技术要求	为一层西南角的柱子添加施工照片链接和网址链接 为场景文件导入二维施工图纸,要求在场景文件中选择某个图元后,能在二维图纸中高亮显示这个图元;同样,在二维图纸中选择某个图元后,也能在场景文件中高亮显示这个图元
工作任务	典型工作 12.1 将外部数据链接到虚拟施工模型 典型工作 12.2 将图纸信息整合到虚拟施工模型
交付内容	数据整合管理完成 .nwd 数据整合管理图纸链接完成 .nwd
工作成图 (参考图)	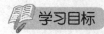

工作任务12
工作文件

学习目标

1. 知识目标
- 掌握链接外部数据的方法,包括链接图像和网站链接。在 Navisworks "选项编辑器"中进行"链接"设置。

- 掌握整合图纸信息的方法，选择场景文件模型上任一图元，可以在二维图纸上自动查找到该图元；同样，选择二维图纸上的图元，也可以在场景文件模型上自动查找到该图元。

2. 能力目标
- 能够为场景文件中的图元添加图像和网址链接。
- 能够将二维施工图纸导入场景文件，导入的图纸和场景文件中的模型能够联动查看。

典型工作 12.1　将外部数据链接到虚拟施工模型

将外部数据链接入虚拟施工模型

工作场景描述

BIM 工程师陈某接到一项工作任务，需要他将工地现场的照片与 BIM 模型相关联，如单击某个构件后能够显示出该构件的施工照片。

陈某使用"项目工具"中的"添加链接"工具，不仅能把外部图片链接到模型图元上，还能把外部网址链接到该图元上。

任务解决

Navisworks 提供了链接工具，用于将外部图片、文本、超链接等数据文件链接至当前场景中，并与场景中指定的图元进行关联，起到对该图元进行说明和信息整合的作用。在 Navisworks 中，必须针对指定的图元添加外部数据链接。

下面以施工过程中施工现场信息数据为例，说明在 Navisworks 中启用链接的一般过程。

（1）打开"工作任务 12\数据整合管理 .nwd"文件。切换至"柱视点"视点位置。

（2）使用选择工具，确认当前选取精度为"最高层级的对象"，单击"柱视点"中位于西南角的柱子。Navisworks 将自动显示"项目工具"上下文选项卡。

（3）如图 12.1 所示，单击"项目工具"上下文选项卡→"链接"面板→"添加链接"工具，打开"添加链接"对话框。

图 12.1　"添加链接"工具

> 提示
>
> 也可以在选择图元后点右击，在弹出的快捷菜单中选择"链接"→"添加链接"工具，打开"添加链接"对话框。

（4）如图12.2所示，①在"添加链接"对话框中输入本次链接数据的"名称"为"1F柱施工照片"，即当前添加链接将记录该图元施工现场照片。②单击"链接到文件或URL"中的"浏览"按钮，弹出"选择链接"对话框。设置"文件类型"为"图像"格式；浏览"工作任务12\外部数据\柱施工照片.jpg"。单击"打开"，返回"添加链接"对话框。③在"添加链接"对话框中设置链接的"类别"为"标签"。④单击"连接点"中的"添加"，进入链接添加模式。鼠标指针变为圈，用于指定链接符号放置位置。移动鼠标指针至所选择结构柱上任意一点，单击放置连接点。注意，放置成功后"添加链接"对话框中的"连接点"将修改为"1"，即已经为当前图元添加了一个连接点。⑤单击"确定"按钮，退出"添加链接"对话框。

（5）确认结构柱仍处于选择状态。继续使用"添加链接"工具。如图12.3所示，在"添加链接"对话框中修改"名称"为"BIM服务单位信息"；在"链接到文件或URL"中输入该单位的网址；设置"类别"为"超链接"；单击"添加"按钮，在所选择结构柱任意位置单击添加新连接点。单击"确定"按钮，退出"添加链接"对话框。

| 提示 |

链接的"名称"字数不能过多，否则无法添加该链接。

（6）单击"常用"选项卡→"显示"面板→"链接"工具，将在当前场景视图中显示所有已添加链接。

（7）如图12.4所示，在当前视图中将显示所有已添加的链接符号。单击"1F柱施工照片"标签，Navisworks将直接调用Winodws默认照片查看器查看工程现场照片；单击"超链接"符号，将使用系统默认的浏览器打开相关网站。

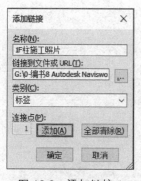

图12.2　添加链接1

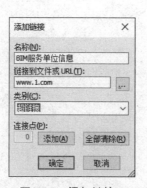

图12.3　添加链接2

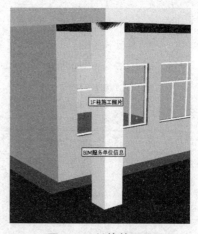

图12.4　链接的显示

| 提示 |

启用"链接"显示后，不仅显示本典型工作中添加的连接点位置符号，还将显示与当前视点位置相关的视图符号。

（8）继续选择该结构柱图元，如图12.5所示，单击"项目工具"选项卡→"链接"面板→"编辑链接"工具，可以对链接进行编辑和修改。在本操作中不对链接做任何修改，单击"确定"按钮，退出"编辑链接"对话框。

图 12.5 "编辑链接"工具

（9）保持结构柱处于选择状态。单击"项目工具"上下文选项卡→"链接"面板→"重置链接"工具，清除所有为当前图元定义的链接。

至此完成链接操作。完成的项目文件见"工作任务12\ 数据整合管理完成 .nwd"。

> **小贴士**
>
> 1. 链接工具
>
> 使用链接工具，可以为 Navisworks 场景中任意图元添加外部照片、网页链接、音频、视频、PDF 文档等多种外部数据信息。使用这种方式，可以无限拓展 BIM 的信息形式，使 Navisworks 具备了成为 BIM 数据信息管理软件的能力。
>
> 在 Navisworks 中，定义的链接数据具有两种不同的形式：超链接和标签。使用超链接形式将定义的连接点显示为链接图标；而使用标签的方式，则将显示为带有名称的标签。无论何种形式，单击超链接图标或标签时，都将打开链接的外部数据内容。
>
> 当对于同一个位置图元定义多个超链接时，默认仅显示第 1 个放置的超链接图标。可以在"编辑链接"对话框中设置默认的链接信息，并通过"上移"或"下移"工具修改各链接符号的前后顺序。
>
> 除本节操作中自定义的超链接和标签，Navisworks 还可显示系统自动生成的链接标记，包括视点、Clash Detective、TimeLiner、选择集合和红线批注标记。Navisworks 中不同的图标来代表不同功能，不同类型的链接图标及其功能见表12.1。
>
> 表 12.1 链接图标及其功能
>
> | 图 标 | 功 能 | 生 成 方 式 |
> | --- | --- | --- |
> | | 视点位置 | 在视点位置自动生成 |
> | | 图像链接 | 手动添加图像链接 |
> | | 文件链接 | 手动添加文件链接 |
> | | 注释链接 | 自动添加注释 |
> | | 碰撞位置 | Clash Detective 为冲突构件自动添加 |
> | | 网页链接 | 手动添加 Web 链接 |
> | | 选择集合 | 包含在选择集中的图元自动生成 |
> | | TimeLiner | TimeLiner 中添加时间节点的图元自动生成 |

2. 链接设置

如果场景中包含的链接数量过多，可通过 Navisworks "选项编辑器"对话框对链接显示进行设置。如图 12.6 所示，在"选项编辑器"对话框的"界面"→"链接"设置中，可以对当前场景中的链接显示进行控制。①"显示链接"选项的功能与"常用"选项卡→"显示"面板中→"链接"功能相同。②勾选"三维"复选框，链接图标将以三维的形式显示在场景空间中，其他图元对象可能会遮挡以三维形式显示的链接图标。③"消隐半径"用于控制视点与链接图标的距离小于指定值时才显示链接图标，否则将不显示该链接图元，以减少场景中的链接图标数量，并控制在漫游或浏览时仅显示当前视点附近的链接图标，默认值为 0 时将不启用该选项。

如图 12.7 所示，展开"选项编辑器"对话框中的"链接"类别，在"标准类别"中可以设置 Navisworks 支持的各类链接类型的显示方式。例如，可设置该类型的图标是否可见，以及以图标还是文本的形式显示该类别的图标内容。如果将图标类型设置为"文本"，则将以文本的方式直接显示该链接的名称。

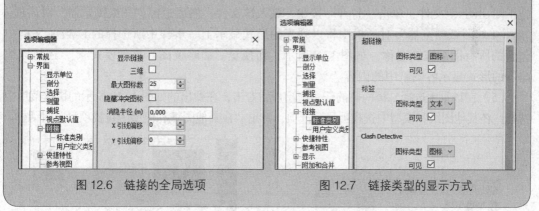

图 12.6　链接的全局选项　　　　图 12.7　链接类型的显示方式

典型工作 12.2　将图纸信息整合到虚拟施工模型

工作场景描述

BIM 工程师陈某在建筑虚拟仿真工作中经常会发现原图纸的错误，那么可否将 Navisworks 模型中的某个图元快速定位到原始 Revit 图纸上呢？

陈某使用"图纸浏览器"工具不仅能够把 Navisworks 模型中的图元快速定位到原始 Revit 图纸上，还能把 Revit 图纸上的某个图元快速定位到 Navisworks 模型上。

将图纸信息整合到虚拟施工模型

任务解决

在浏览和查看三维场景时，要了解所选择图元更加详细的设计信息，最好的办法就是将三维场景与二维工程图纸组合起来查看和浏览。在 Navisworks 中，可以将三维场景与 DWF/DWFX 格式的二维图纸文档整合，实现在浏览三维场景时随时在二维图纸中对所选择图元进行定位和查看。下面通过具体操作，说明在 Naviswrks 中进行二维图纸定位的一般过程。

（1）打开"工作任务 12\ 数据整合管理 .nwd"场景文件。

（2）如图 12.8 所示，单击 Navisworks 下方的"图纸浏览器"工具 ，打开"图纸浏览器"对话框。

图 12.8　图纸浏览器

提示

除上述操作，也可以单击"查看"选项卡→"工作空间"面板→"窗口"下拉菜单，在其中选择"图纸浏览器"选项，打开"图纸浏览器"对话框。

（3）如图 12.9 所示，在"图纸浏览器"对话框中显示了当前项目场景中已载入的数据文件。确认当前显示模式为"列表视图"；单击"导入图纸和模型"按钮，弹出"从文件插入"对话框。确定打开文件的类型为"所有文件（*.*）"；浏览"工作任务 12\ 外部数据\ 施工图 .dwfx"文件，单击"打开"按钮，载入该文件，然后返回"图纸浏览器"对话框。

（4）"图纸浏览器"对话框中将以列表的形式显示上一步骤中所选择的 DWFX 文档中包含的所有图纸视图名称。如图 12.9 所示，切换至"缩略视图"显示模式，还将以缩略图的形式显示各图纸中的内容。

（5）在场景中选择二楼南侧的任一扇窗户，右击，在弹出的如图 12.10 所示的快捷菜单中选择"在其他图纸和模型中查找项目"选项，弹出"在其他图纸和模型中查找项目"对话框。

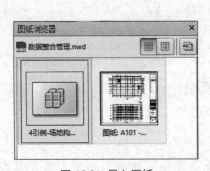

图 12.9　导入图纸

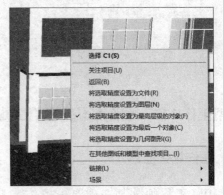

图 12.10　快捷菜单

（6）在"在其他图纸和模型中查找项目"对话框中，由于载入的 DWFX 文件尚未准备好，Navisworks 提示必须将相关图纸和模型准备好后才可以进行查找。因此，单击"在其他图纸和模型中查找项目"对话框中右下方的"全部备好"按钮，Navisworks 将准备 DWFX 文件中所有图纸。

提示

文件的准备过程实际上是将 DWFX 文件中的图纸转换为 NWC 格式文档的过程。当准备好后，将额外生成一个名为"施工图"的 NWC 文件。

（7）转换完成后，Navisworks 将给出包含所选择窗图元的所有图纸搜索结果。如图 12.11 所示，在列表中选择"图纸：A101- 未命名"，单击"视图"，Navisworks 将打开该图纸视图——南立面图，并在南立面图中高亮显示所选择窗的位置，便于用户查看该窗在图纸中与其他图元的位置关系。

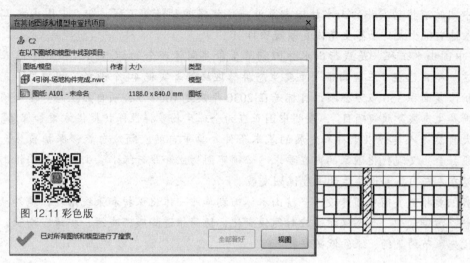

图 12.11　模型与图纸关联

（8）同样，若在打开的"图纸：A101- 未命名"中双击选择任一扇窗，选择"在其他图纸和模型中查找项目"对话框中的"4 引例 - 场地构件完成 .nwc"，单击"视图"，Navisworks 将切换至场景视图，并同时在场景视图中高亮显示在图纸中所选择的窗图元。

至此完成本练习。完成的项目文件见"工作任务 12\数据整合管理图纸链接完成 .nwd"。

> **提示**
>
> 要实现在 Navisworks 中对平面图纸进行定位和查找，必须满足两个条件：①文件必须为 DWF 或 DWFX 格式的图纸文件；② DWF 或 DWFX 图纸和 Navisworks 中的场景模型必须由同一个 Revit 模型生成。只有当上述两个条件均满足时，Navisworks 才能在其他图纸中查找并定位图元。
>
> 所有导入 Navisworks 的外部数据必须准备好后才能进行查找和定位。Navisworks 在准备数据的过程，将在相同文件夹下，根据 DWF 或 DWFX 文件中各图纸生成独立的并与图纸名称相同的 NWC 格式文件，以便于 Navisworks 快速载入相关图纸数据。

思想提升

"中国山水工程"入选联合国首批十大"世界生态恢复旗舰项目"

2022 年 12 月 13 日，联合国在加拿大蒙特利尔举办的《生物多样性公约》第十五次缔约方大会（COP15）第二阶段会议期间宣布，践行中国山水林田湖草生命共同体理念的"中国山水工程"入选联合国首批十大"世界生态恢复旗舰项目"。

"世界生态恢复旗舰项目"由联合国环境规划署和联合国粮食及农业组织会同多家国际组织共同评选,经"联合国生态系统恢复十年"执行委员会最终审定。首批入选的十个旗舰项目致力于恢复总面积超过6800万公顷的区域,并创造近1500万个就业机会。入选后,这些项目将有资格获得联合国的宣传推广、建议和资助。

中国政府推动实施的山水林田湖草沙一体化保护和修复工程,即"中国山水工程",成功入选首批十大"世界生态恢复旗舰项目"。

"中国山水工程"是践行山水林田湖草生命共同体理念的标志性工程。"十三五"以来,这一项目已在"三区四带"重要生态屏障区域部署实施44个山水工程项目,完成生态保护修复面积350多万公顷,目标是在2030年恢复1000万公顷自然生态。这一项目入选"世界生态恢复旗舰项目",表明中国正在为全球生物多样性保护提供方案和智慧。

大自然是人类赖以生存和发展的基本条件。尊重自然、顺应自然、保护自然,是全面建设社会主义现代化国家的内在要求。必须牢固树立和践行绿水青山就是金山银山的理念,站在人与自然和谐共生的高度谋划发展。

我们要推进美丽中国建设,坚持山水林田湖草沙一体化保护和系统治理,统筹产业结构调整、污染治理、生态保护、应对气候变化,协同推进降碳、减污、扩绿、增长,推进生态优先、节约集约、绿色低碳发展。

工作总结

单击"项目工具"上下文选项卡→"链接"面板→"添加链接"工具,在"添加链接"对话框中可以添加照片或网址。单击"常用"选项卡→"显示"面板→"链接"工具,将在当前场景视图中显示所有已添加链接。单击"项目工具"选项卡→"链接"面板→"编辑链接"工具,可以对链接进行编辑和修改。

单击Navisworks右下方的"图纸浏览器"按钮,打开"图纸浏览器"对话框。单击"导入图纸和模型"按钮,导入DWFX文件。选择二楼南侧的任一扇窗户,右击,选择"在其他图纸和模型中查找项目"选项,Navisworks将给出包含所选择窗图元的所有图纸搜索结果。选择"图纸:A101-未命名",单击"视图"按钮,Navisworks将打开该图纸视图——南立面图,并在南立面图中高亮显示所选择窗位置,便于用户查看该窗在图纸中与其他图元的位置关系。

工作评价

工作评价表

序号	评分项目	分值	评价内容	自评	互评	教师评分	客户评分
1	将外部数据链接入虚拟施工模型	50	1. 链接图片,25分 2. 链接网址,25分				
2	将图纸信息整合入虚拟施工模型	50	1. 图纸导入与设置,20分 2. 在二维图纸中查看图元,15分 3. 在场景文件中查看图元,15分				
	总 分						

工作任务 13　数据发布

工作任务书

项　目	具　体　内　容
岗位标准	1.《建筑信息模型技术员国家职业技能标准》(2021年版)，职业编码：4-04-05-04 2. "1+X"建筑信息模型（BIM）职业技能等级标准
技术标准	《建筑信息模型应用统一标准》(GB/T5 1212—2016)、《建筑信息模型施工应用标准》(GB/T 51235—2017)、《建筑信息模型设计交付标准》(GB/T 51301—2018)
技术要求	对"综合实训楼项目.nwd"文件进行发布，要求发布时对"标题""主题""作者""发布者""发布给""关键词""注释"等信息进行设置，并设置密码以及密码过期的时间 将"综合实训楼项目.nwd"文件输出为三维 DWF/DWFX、FBX 或者 Google Earth KML 格式文件 使用 Batch Utility 工具将"综合实训楼项目-场地.nwf""综合实训楼项目-建筑物.nwf"转换为单个 NWD 文件
工作任务	典型工作 13.1　将虚拟施工模型导出为不同的数据格式 典型工作 13.2　使用"批处理"进行命令批量操作
交付内容	综合实训楼项目数据发布完成.nwd 批处理作为单个文件输出完成.nwd
工作成图 （参考图）	

学习目标

1. 知识目标
- 掌握发布和导出不同数据格式的方法。使用 Navisworks 的输出功能将当前场景发布为 NWD、DWF、FBX、Google Earth KMZ 格式数据；通过导出功能将当前场景导出为 DWF/DWFX、FBX 和 KMZ 格式。
- 掌握批处理的方法。如果有多个数据需要转换为 NWC 格式或对不同版本的 Navisworks 文件进行版本转换，可以使用 Navisworks 提供的"Batch Utility"工具进行批量转换，其中包括批处理运行命令和批处理调度命令。

2. 能力目标
- 能够对 Navisworks 文件进行发布，在发布时设置"标题""主题""作者""发布者""发布给"等信息，并能够设置密码以及密码过期的时间。
- 能够将 NWD 文件输出为三维 DWF/DWFX、FBX 或者 Google Earth KML 格式文件。
- 能够使用"Batch Utility"工具将多个场景文件附加到一个 NWD 或 NWF 文件中，或者将多个设计文件转换为单个 NWD 文件。

典型工作 13.1　将虚拟施工模型导出为不同的数据格式

将虚拟施工模型导出为不同的数据格式

工作场景描述

BIM 工程师陈某接到一项工作任务，需要对 Navisworks 文件进行发布，并设置发布密码以及密码过期的时间。

陈某使用"输出"选项卡→"发布"面板→NWD 工具将 Navisworks 文件向外发布，并设置发布的标题、主题、作者、发布者、发布给、关键词、注释，以及密码和密码过期时间。

任务解决

1. 发布 NWD 数据格式文件

NWD 数据是 Navisworks 的文档数据格式。当前场景中所有模型、审阅信息、视点、Time Liner 设置等信息均可保存于 NWD 格式的数据中。除直接另存为 NWD 数据格式，Navisworks 还提供了输出为 NWD 的方式。

（1）打开"工作任务 13\综合实训楼项目.nwd"文件。

（2）单击"输出"选项卡→"发布"面板→"NWD"工具，或者单击"应用程序"按钮 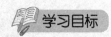→"发布"，弹出"发布"对话框。

（3）如图 13.1 所示，在弹出的"发布"对话框中，输入"标题"为"综合楼项目发布"，"主题"为"综合楼建筑 BIM 模型"，"作者"和"发布者"为"宋老师"，"发布给"为 BIMer，版权为"中建八局第四建设有限公司"，"关键词"为"综合楼 BIM NWD"，"注释"为"综合楼建筑 BIM 模型发布，已加密"，"密码"为 123，勾选"过期"复选框，设置过期日期为"2023 年 12 月 12 日"，勾选"嵌入 ReCap 和纹理数据（X）"复选框，按照图中的数据进行设置，单击"确定"按钮。

> **提示**
>
> 可以对发布的 NWD 数据添加标题、作者等项目注释信息，并且可以对该发布的 NWD 数据设置密码，使得发布的 NWD 数据更加安全，并且还可以设置"过期"日期。当 NWD 数据过期时，即使具有该 NWD 数据的密码，也将无法再打开该 NWD 文件。若勾选"嵌入 ReCap 和纹理数据"复选框，可以在发布时将外部参照文件（包括纹理和 ReCap 文件）嵌入 NWD 文件中，这样可以用密码保护参照文件并得到材质纹理、链接的数据库。在"全局选项"→"选项编辑器"→"文件读取器"→ ReCap 中可以选择 ReCap 文件的嵌入方式。

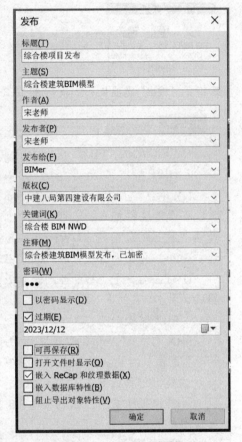

图 13.1 "发布"对话框

（4）在弹出的"密码"对话框中，再次输入"123"，单击"确定"按钮。

（5）在弹出的对话框中输入名称"综合实训楼项目数据发布完成"，单击"保存"按钮。

完成的文件见"工作任务 13\综合实训楼项目数据发布完成 .nwd"。

打开该文件时，需要输入"123"密码。

2. 输出不同格式的数据文件

（1）打开"工作任务 13\综合实训楼项目 .nwd"文件。

（2）如图 13.2 所示，单击"输出"选项卡按钮→"导出场景"面板→"三维 DWF/DWFX"、FBX 或者 Google Earth KML 工具，可以分别导出 DWF/DWFX、FBX 或 Google Earth KMZ 格式文件。

（3）如图 13.3 所示，单击"应用程序"按钮 ▣→"导出"，也可以将当前场景导出为 DWF/DWFX、FBX 或 Google Earth KMZ 格式文件。

图 13.2 "输出"选项卡

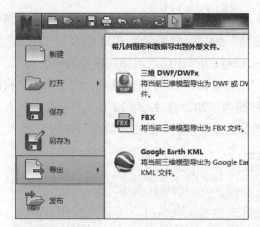

图 13.3 导出 DWF/DWFX、FBX 或 Google Earth KMZ 格式文件

> **小贴士**
>
> DWF/DWFX、FBX、Google Earth KMZ 格式文件的介绍如下。
>
> 1. DWF 格式
>
> DWF 全称为 drawing web format（Web 图形格式），是由 Autodesk 开发的一种开放、安全的文件格式。它可以将丰富的设计数据高效率地分发给需要查看、评审或打印这些数据的任何人。DWF 文件高度压缩，因此比设计文件更小，传递起来更加快速。Autodesk 提供了免费的 Autodesk Design Review，用于查看和管理的 DWF 格式文件。DWFX 格式是 DWF 格式的升级版本，全称为 drawing web format XPS，以 XML 格式记录 DWF 的全部数据，使之更加适合 Internet 网络集成与应用。
>
> 2. FBX 格式
>
> FBX 格式是 Autodesk 开发的用于在 Maya、3ds Max 等动画软件间进行数据交换的数据格式。目前 Autodesk 公司的多数产品（包括 3ds Max、Revit、AutoCAD 等）均支持该数据格式的导出。在 FBX 文件中，除保存三维模型外，还将保存灯光、摄影机、材质设置等信息，以便于在 3ds Max 或 Maya 等动画软件中制作更加复杂的渲染和动画表现。
>
> 3. KMZ 格式
>
> KMZ 格式用于将模型发布至 Google Earth 中，在 Google Earth 中显示当前场景与周边已有建筑环境的关系，用于规划、展示等。

典型工作 13.2 使用"批处理"进行命令批量操作

使用"批处理"进行命令批量操作

工作场景描述

BIM 工程师陈某接到一项工作任务，要求他将"综合实训楼项目-场地.nwf""综合实训楼项目-建筑物.nwf"等转换为单个 NWD 文件。陈某考虑是否有将多个场景文件"批量转化"的方法呢？最好是能设置转换的时间，让软件在自己下班的时间自动转换。

陈某利用 Navisworks 软件的 Batch Utility 工具对多个场景文件进行"批量转化";并使用其中的"调度"工具,设置运行该工作的时间,将其设置为无人值守运行,从而利用计算机空余时间完成这些耗时的文件转换工作。

任务解决

如果有多个数据需要转换为 NWC 格式或对不同版本的 Navisworks 文件进行版本转换,可以使用 Navisworks 提供的 Batch Utility(批处理工具)进行批量转换。

1. 批处理命令的运行

批处理命令可以将多个场景文件附加到一个 NWD 或 NWF 文件中,也可以将多个设计文件转换为单个 NWD 文件。

(1)打开 Naivsworks 软件,单击"常用"选项卡→"工具"面板→Batch Utility 工具,弹出 Navisworks Batch Utility 窗口。

(2)如图 13.4 所示。在 Navisworks Batch Utility 窗口中,将"输入"定位到"工作任务 13\ 批处理"文件夹,在右侧文件列表中将显示当前文件夹中所有可以进行转换的数据。配合键盘上的 Ctrl 或 Shift 键,选择其中的"综合实训楼项目 - 场地 .nwf""综合实训楼项目 - 建筑物 .nwf"文件,单击"添加文件"按钮,将文件添加至转换任务中。

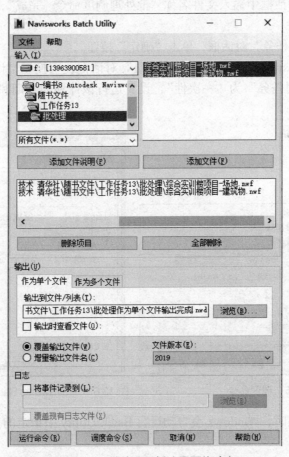

图 13.4　批处理面板(需要修改)

> **提示**
>
> 可以在任务中添加多个不同的文件夹，从而为分布于不同文件夹中的文档进行转换。

（3）在"输出"选项组中指定"作为单个文件"输出或"作为多个文件"输出。此处选择"作为单个文件"，再单击"浏览"按钮，将弹出"将输出另存为"对话框，输入文件名为"批处理作为单个文件输出完成"。

> **注意**
>
> 若选择"作为多个文件"的方式输出时，将为每个文件生成同名的 NWC 文件。

（4）在"文件版本"中选择 2019，然后单击"运行命令"按钮，Navisworks Batch Utility 将自动按指定的格式转换全部指定的文件。

完成的文件见"工作任务 13\ 批处理完成 \ 批处理作为单个文件输出完成 .nwd"。

2. 批处理调度命令

（1）以上设置完成后，单击 Navisworks Batch Utility 窗口下方的"调度命令"，在弹出的"调度任务"对话框中输入文件名称"批处理调度命令 - 完成"，如图 13.5 所示，单击"保存"按钮。

（2）弹出"调度任务"对话框，单击"确定"按钮。

（3）弹出"Navisworks Batch Uitlity 任务 1"对话框，切换至"计划"选项卡，单击"新建"，设置"计划任务"为"一次性"，设置运行该计划的日期和时间，单击"确定"按钮（见图 13.6）。

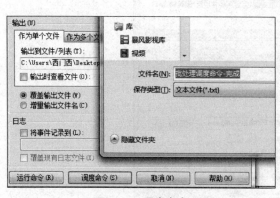

图 13.5　调度命令

图 13.6　"Navisworks Batch Uitlity 任务 1"对话框

当到达指定时间时，Windows 会自动运行 Batch Utility 中指定的文件转换任务，而无须人为干预。

在实际工作中，"Batch Utility"工具非常高效和实用。例如，在需要将同一个项目中所有 RVT 格式文件转换为 NWF 格式数据文件时，即可以使用 Batch Utility 工具进行批量转换。可以将 Batch Utility 设置为无人值守运行，从而利用计算机空余时间完成这些耗时的文件转换工作，节约转换工作时间。

思想提升

触摸"未来之城"的绿色智慧脉搏——走进河北雄安新区首个大型建筑群

它是一座相当于 14 个足球场大小的绿色、智慧、创新园区，集成了海绵城市、被动式建筑、综合管廊、装配式建造等 30 多项先进建设理念。它参照北京故宫中轴线布局，拥有三纵三横的庭院式建筑布局和古朴典雅的建筑风格，诉说着中国传统文化。它没有围墙和大门，现代气息浓厚的书店、超市、邮局、健身房等一应俱全，以开放共享的姿态迎接八方宾朋。

作为河北雄安新区成立以来首个大型建筑群，雄安市民服务中心园区，形成了中国建筑的创新试验田和未来城市的样板示范区，成为雄安新区面向全国和世界的窗口。记者近日将走近它，感知它的魅力。

进入市民服务中心园区，绿意盎然，空气清新，一座北方园林映入记者眼帘。绿化苗木、海绵绿地、生态停车场、景观设施等构成约 21 万平方米的园林景观，几乎覆盖整个园区。徜徉其中，慢行步道让步履匆匆的人们慢下来，感受这里人与自然和谐共处的生态办公环境。

市民服务中心的主体是建筑，其最大特点是装配式和被动式。记者走进企业办公区配备的中海凯骊酒店，工作人员对记者说："我们酒店有 68 个房间，每一个房间都是一个'盒子'，几乎所有设施设备包括床和家电等都是事先装在'盒子'里的，然后像搭积木一样把'盒子'搭建起来形成我们的酒店。"

据介绍，园区内大量使用装配式房屋，采用绿色环保的新材料在工厂完成建设装修工序后，直接运到工地搭建，施工期比传统模式缩短 40%，建筑垃圾减少 80% 以上。同时，园区内大量使用被动式节能建筑，通过保温墙体、气密性好的窗户、高效的建筑通风，不用空调、暖气就能让冬季室内气温保持在 16℃以上，实现冬暖夏凉，与执行现有节能标准建筑相比，可节能 50% 以上。

"我们脚下的步道砖、停车位的植草砖都是透水的。"工作人员说，园区践行海绵城市理念，增加近 8000m³ 的雨水滞蓄容积，实现雨污零排放，遭遇暴雨时不内涝、不积水。

我国正在加快绿色转型。推动经济社会发展绿色化、低碳化是实现高质量发展的关键环节。加快推动产业结构、能源结构、交通运输结构等调整、优化。实施全面节约战略，推进各类资源节约、集约利用，加快构建废弃物循环利用体系。完善支持绿色发展的财税、金融、投资、价格政策和标准体系，发展绿色低碳产业，健全资源环境要素市场化配置体系，加快节能降碳先进技术研发和推广应用，倡导绿色消费，推动形成绿色低碳的生产方式和生活方式。

工作总结

单击"应用程序"按钮 ■ →"发布"，可以将场景文件发布为 NWD、DWF、FBX、

Google Earth KMZ 格式的文件。在"发布"对话框中，可对发布的 NWD 数据添加标题、作者等项目注释信息，也可以对该发布的 NWD 数据设置密码。

单击"应用程序"按钮 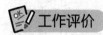 →"导出"，可以将当前场景导出为 DWF、DWFX、FBX 和 KMZ 格式文件。

单击"常用"选项卡→"工具"面板→ Batch Utility 工具，弹出 Navisworks Batch Utility 窗口。单击"添加文件"，即可将文件添加至转换任务中，输出方式包括"作为多个文件"和"作为单个文件"两种。若选择"作为多个文件"的方式输出时，每个文件会生成同名的 NWC 文件。

在 Navisworks Batch Utility 窗口中，还可以通过单击"调度命令"，设置运行该计划的日期和时间，当到达指定时间时，软件会自动运行 Batch Utility 中的文件转换任务，而无须人为干预。

工作评价

工作评价表

序号	评分项目	分值	评价内容	自评	互评	教师评分	客户评分
1	将虚拟施工模型导出为不同的数据格式	50	1. 文件发布，30 分 2. 文件输出，20 分				
2	使用"批处理"进行命令批量操作	50	1. 作为单个文件输出，25 分 2. 批处理调度，25 分				
总　　分							

参 考 文 献

[1] 周强，王攀. 港珠澳大桥彰显中国奋斗精神 [E/OL].（2018-10-24）[2024-05-15]. https://www.gov.cn/xinwen/2021-06/07/content_5616059.htm

[2] 郭爽，林小春. "中国山水工程"入选联合国首批十大"世界生态恢复旗舰项目" [E/OL].（2022-12-14）[2024-05-15]. https://www.gov.cn/xinwen/2022/12/14/content_5731921.htm

[3] 孙杰，白林. 触摸"未来之城"的绿色智慧脉搏——走进河北雄安新区首个大型建筑群 [E/OL].（2018-05-23）[2024-05-15]. https://www.gov.cn/xinwen/2018-05/23/content_5292984.htm.

[4] 刘庆. AUTODESK NAVISWORKS 应用宝典 [M]. 北京：中国建筑工业出版社，2015.

[5] 王君峰. Autodesk Navisworks 实战应用思维课堂 [M]. 北京：机械工业出版社，2015.